아인슈타인의
상대성이론

아인슈타인의
상대성이론

ⓒ 쿠르트 피셔, 2016

초판 1쇄 발행일 2021년 3월 2일
초판 2쇄 발행일 2022년 4월 18일

지은이 쿠르트 피셔
옮긴이 박재현 감수 곽영직
펴낸이 김지영 펴낸곳 지브레인Gbrain
편집 김현주 · 정난진

출판등록 2001년 7월 3일 제2005-000022호
주소 04021 서울시 마포구 월드컵로7길 88 2층
전화 (02)2648-7224 팩스 (02)2654-7696

ISBN 978-89-5979-659-5(03420)

- 책값은 뒤표지에 있습니다.
- 잘못된 책은 교환해 드립니다.

아인슈타인의
상대성이론

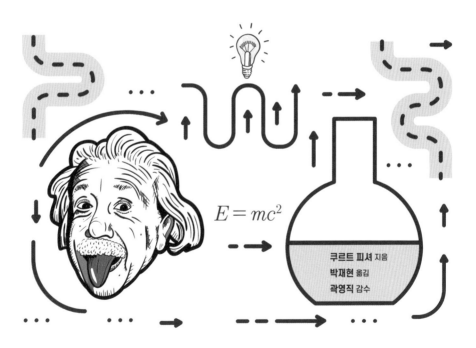

$E = mc^2$

쿠르트 피셔 지음
박재현 옮김
곽영직 감수

지브레인

친애하는 독자 여러분

이것은 빛과 에너지, 질량, 공간, 시간 그리고 중력에 대한 책이다. 특수상대성이론은 물론 일반상대성이론에 대해서도 자세히 소개했으며 수많은 사고실험을 제공함으로써 물리학자들이 어떻게 모델을 만들고 답을 찾아내는지를 설명했다. 사고실험은 아인슈타인이 즐겨 사용한 것으로, 이를 통해 상대성이론을 물리적·기하학적·직감적으로 이해할 수 있다.

상당히 복잡한 사고를 소개하고 있어 어디까지나 상상력을 필요로 하지만, 상대성이론을 이해하기 위한 고도의 수학 지식이 필요하지는 않다. 물리학의 좋은 점은 자연현상을 '계산할 수 있다'는 데 있다. 그래서 이 책에서는 초등수학만으로도 충분히 이해할 수 있는 상대성이론의 방정식과 그 방정식들의 중요한 해를 다뤘다. 또한 시간과 공간의 곡률을 나타내는 일반상대성이론인 '아인슈타인의 중력방정식'도 쉽게 풀어 설명한 만큼 이 책이야말로 중력이론을 가장 간단히 이해할 수 있는 책이라 자신한다. 그러니 "공간이 구면처럼 휜다"는 식의 비유적인 표현에 만족할 것이 아니라 여기서 한걸음 더 나아가자.

제1장부터 제4장까지는 '특수상대성이론'을 설명해 빛과 물질, 공간, 시간의 관계를 명확히 이해하도록 했다.

1 **제1장**: 기초적인 이야기부터 시작해 물질과 에너지가 동일하다는 것까지 설명한다.

2 **제2장**: 왜 시간과 길이가 상대적인지를 설명한다.

3 **제3장**: 일상에서 흔히 볼 수 있는 전선이 상대성을 확인할 수 있는 실제 사례라는 것을 설명한다.

4 **제4장**: 회전목마를 탈 때 학교에서 배운 기하학이 무용지물이 되는 이유를 설명한다.

제5장부터 제9장까지는 '중력', 즉 일반상대성이론을 설명했다.

5 **제5장**: 지구의 '중력'이 우리를 끌어당기는 것이 아니라 시공간의 곡률에 의한 것임을 설명한다.

6 **제6장**: 시공간의 곡률이 발생시키는 효과에 대해 자세히 설명한다.

7 **제7장**: 널리 알려진 '아인슈타인의 중력방정식'의 의미와 그것이 왜 '가장 간단한' 중력이론인지를 설명한다.

8 **제8장**: 아인슈타인의 중력방정식을 쉽게 푸는 방법을 설명한다.

9 **제9장**: 이 해를 이용하여 일반상대성이론이 제기한 예측들을 소개한다. 예를 들면, 태양 부근을 지나는 빛은 어느 정도 휘는가, 블랙홀의 크기와 무게는 얼마나 되는가, 행성의 궤도는 왜 휘는가 그리고 우주에는 '빅뱅'이 있고 우주의 미래는 불분명하다는 것에 대해 설명한다.

이해를 돕기 위해 수식 중 변수의 색을 달리하기도 했다.

상대성이론의 세계로 출발하기 전에 준비할 것이 있다. 부록에서는 물리학에서 조사하거나 비교하는 데 쓰는 중요한 도구인 '단위'를 소개한다.

이 책에서 사용한 단위와 기호의 표기에 대하여

물리학에서는 여러 가지 '단위'를 사용한다. 길이는 '미터', 시간은 '초'로 표기한다. '분', '시', '일' 같은 단위는 사용하지 않으며, 질량은 '킬로그램'을 사용한다. 이 책에 나오는 그 밖의 단위는 이 단위들을 조합한 것이다. 속도는 '초속 ○○미터'로 나타냈다. 이렇듯 단위를 통일시킴으로써 일일이 단위를 의식하지 않고 계산할 수 있도록 했다.

이 책에서는 매우 큰 수나 반대로 매우 작은 수를 빈번히 사용한다. 일상에서 자주 사용하는 '1000' 정도의 숫자라면 쉽게 인식할 수 있다. 하지만 12억 5000만 784, 즉 '1,250,000,784'는 읽기조차 어렵다. 게다가 어림잡아 계산하는 데는 처음의 3자리 정도밖에 필요하지 않다. 물리학자들은 대개 두 번째 자리부터 자릿수를 센다. 위의 1,250,000,784라는 숫자로 생각하면 2부터 자릿수를 세었을 때 9자리가 된다. 그리고 이 수는 대략적으로 다음과 같이 나타낸다.

$$1.25 \times 10^9$$

마찬가지로 0.000145처럼 작은 수의 경우에는 앞에 오는 0의 개수를 세어 1.45×10^{-4}라 쓴다. 이렇게 표기하면 큰 수와 작은 수의 곱셈도 간단히 할 수 있다. 예컨대 1.25×10^9과 1.45×10^{-4}을 곱할 때는 먼저 1.25와 1.45를 곱한다. 결과는 약 1.81이다. 그 뒤에 지수를 붙인다. $9 + (-4) = 5$이므로 결과는 ≒1.81×10^5이다.

예를 들어 빛의 속도는 개략적인 계산으로 다음과 같다.

$$빛의\ 속도 \fallingdotseq 3.00 \times 10^8 \text{m}/초 \qquad (1)$$

그 외의 자연정수는 표 11.1(p.224)에 참조용으로 열거하였다.

이 책에 나오는 '충분'이라는 표기에 대하여

마지막으로 '충분히 먼 장소'나 '충분히 빠른 속도'처럼 이 책에서 '충분히'라는 표현을 어떻게 사용하는지에 대해 말해두고 싶다. 다음의 예로 생각해보자.

"만약 우주비행사가 지구에서 충분히 먼 곳에 있다면, 그 우주비행사는 지구 중력의 영향을 무시할 수 있다."

그러나 당연하게도 지구에서 아무리 멀리 가도 지구 중력의 영향이 제로가 되는 일은 없다. 하지만 만약 그 우주비행사가 행하는 실험 결과에 미치는 중력의 영향이 '1% 미만'이고 결과에 영향을 주지 않는다면, 만족할 만큼 '충분히' 먼 곳에 있다고 할 수 있다. 중력의 영향을 좀 더 엄밀하게 다루는 경우에는 지구에서 아주 멀리 감으로써 중력의 영향을 무시할 수 있다.

이처럼 '충분히'라는 표현은 '그 실험이 성립될 수 있을 정도로 충분한 조건을 갖추었다'는 의미로 사용했다.

Contents

제1장 빛, 물질과 에너지

제2장 빛, 시간, 질량과 길이

제3장 빛, 전자와 전기

제4장 가속과 관성질량

제5장 관성과 중력
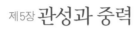

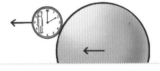

제6장 등가원리

제7장 질량의 중력 발생 방법

제8장 아인슈타인의 중력방정식을 푼다

제9장 일반상대성이론의 활용

제10장 결론

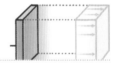

제11장 부록

제1장

빛, 물질과 에너지

아이작 뉴턴
1642~1727
중력법칙과 운동법칙을 발견한 영국의 물리학자

 1 광선

우주공간에 떠 있는 우주비행사가 플래시를 켠다. 거기서 나오는 빛의 속도는 다음과 같다.

$$299{,}792{,}458 \text{m/초} \qquad (1.1)$$

이것이 정확한 빛의 속도 값이다.

빛의 속도가 이런 값을 가진다는 것은 어떻게 증명할 수 있을까? 우선 빛의 속도를 측정할 기기가 필요하다.

그림 1.1의 오른쪽에 있는 붉은색 상자는 속도계다. 오른쪽이 열린 왼쪽 상자는 플래시나 레이저포인터처럼 빛을 내는 '발광기'를 간단히 그린 것이다.

노란색 선은 빛을 나타낸다. 장치가 어떻게 만들어지는지에 대해서는 무시하고 그저 '그런 장치가 있다'고 생각하자.

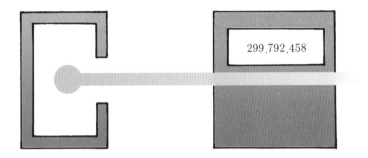

그림 1.1 왼쪽 상자는 발광기, 오른쪽의 붉은색 상자는 속도계, 노란색 선으로 그려진 화살표는 빛을 나타낸다.

상대성이론의 제1법칙
등속직선운동에 절대적인 의미는 없다

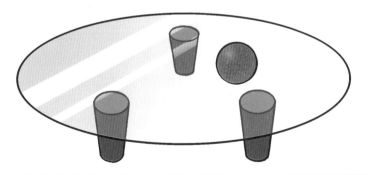

그림 1.2 등속직선운동으로 이동하는 열차 안에 놓인 유리테이블 위의 공은 테이블에 대하여 움직이지 않는다.

예컨대 "플래시를 켠 채로 움직이면 빛의 속도는 변하는가?"라는 질문이 있다면 "무엇에 대한 속도를 말하는가?"라는 의문이 생기게 된다. 열차를 타고 빠르게 달리는 경우 열차 안에서는 속도를 느낄 수 없으며, 속도의 변화만 느낄 수 있다.

그림 1.2에는 등속직선운동을 하는 열차 안에 테이블이 있고 테이블 위에 놓인 빨간 공은 그대로 두면 꼼짝도 하지 않는다. 평소 집 안에서 소파에 앉아 있을 때 빠른 속도로 움직이고 있다는 것을 느낄 수 있는가?

우리가 느끼지 못하고 있는 사이에도 우리는 빠르게 움직이고 있다. 지구는 빠른 속도로 태양 주위를 돌고 있으며, 태양계는 은하의 중심을 돌고, 은하 또한 움직이고 있다. 이러한 운동은 등속직선운동에 가깝기 때문에 우리는 그것을 느낄 수 없다. 중세 이후 과학자들은 등속직선운동을 관측할 수 없다는 것을 알고 있었다. 현재도 등속직선운동을 관측할 수 있는 측정방법은 없다.

만약 우리가 등속직선운동을 하는 열차 안에 앉아 어떤 역에 다가간다면 '우리는 움직이지 않고 역과 역 주변의 물체가 우리에게 다가온다'고 느낀다. 그러나 역 플랫폼에 서 있는 사람은 '열차가 움직여 역으로 다가오고 있다. 역과 주위의 땅이 움직일 리는 없다'고 생각할 것이다.

누구의 관측이 옳을까? 양쪽의 관측은 모두 사실이다.

역 플랫폼에 서 있는 사람이 움직이지 않는다고 해도 좋고, 그 반대로 생각해도 좋다. 왜냐하면 열차와 역의 절대적인 운동이란 존재하지 않고 '상대적'인 운동만 존재하기 때문이다. 이것이 상대성이론의 두 가지 전제 중 첫 번째 법칙인 '상대성원리'다. 이 원리는 수백 년 전에 이탈리아의 천문학자 갈릴레이가 발견했다.

> 등속직선운동을 하는 물체의 속도는 상대적으로밖에 측정할 수 없다.
> 모든 등속직선운동을 하는 계에서는 같은 자연법칙이 성립된다.

1.3 빛의 속도 측정

그림 1.3과 같이 발광기를 움직여 지면에 대한 빛의 상대속도를 측정한다. 지면은 회색으로 나타냈다. 발광기를 지면에서 오른쪽으로 초속 10,000m로 움직인다. 속도계는 지면에 고정되어 있다.

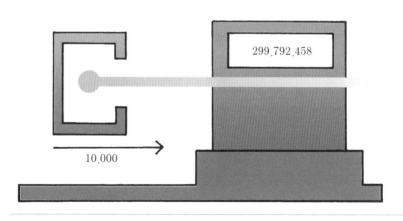

그림 1.3 발광기가 빛을 내면서 속도계를 향해 초속 10,000m로 움직이고 있다.

그럼에도 속도계는 이전과 같은 빛의 속도를 표시하고 있다. 그러나 이 것은 그리 놀랄 현상이 아니다. 다음 예를 살펴보자.

그림 1.4에서는 발광기를 확성기로, 빛의 속도계를 음속계로 대체하고, 조건도 진공이 아니라 공기 중에서 하는 것으로 변경했다. 파란색 화살표 는 소리를 나타내며 하늘색 부분은 바람이 일지 않는 상태다. 바람이 없 는 상태에서의 음속은 초속 약 343m다.

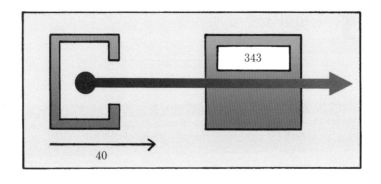

그림 1.4 음속계를 향해 확성기를 초속 40m로 이동시켜도 음속계는 변함없이 초속 343m를 표시한다.

정지한 공기 중에 있는 음속계를 향해 확성기를 움직여도 소리의 속도 는 운동의 영향을 받지 않는다. 따라서 확성기를 초속 40m로 음속계를 향해 움직여도 변함없이 초속 343m의 음속을 표시한다. 그렇다면 광속 과 음속은 거의 같다고 생각할 수 있을까?

실제로는 다르다. 그 차이를 이해하는 사고실험을 해보자.

이번에는 확성기를 정지한 공기 속에 놓고 확성기를 향해 음속계를 초속 40m로 움직인다.

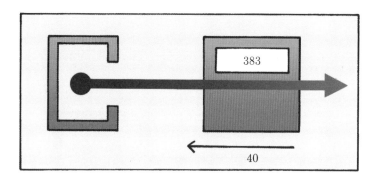

그림 1.5 확성기를 향해 음속계를 이동시키는 경우 음속은 빨라진다.

소리가 정지한 공기에 '대하여' 초속 343m로 오른쪽으로 움직이는 동시에 음속계가 정지한 공기에 '대해서도' 초속 40m로 왼쪽의 확성기를 향해 움직이고 있기 때문에 음속계는 다음과 같다.

$$343 + 40 = 383\text{m/초}$$

그림 1.5에 그 상태를 나타냈다.

빛의 속도는 불변의 우주상수

이번에는 그림 1.6과 마찬가지로 빛을 사용해 사고실험을 해보자.

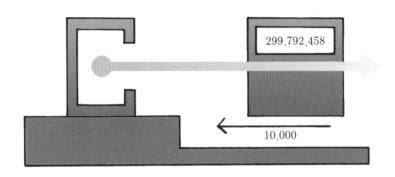

299,792,458

10,000

그림 1.6 속도계가 발광기를 향해 움직여도 관측하는 빛의 속도는 변하지 않는다.

놀랍게도 속도계는 여전히 전과 같은 속도를 표시하고 있다.

빛은 '공기' 같은 매질을 필요로 하지 않는다. "빛은 진공에서도 똑같이 움직인다." 이 속도는 우주상수의 하나인 'c'로 표기한다. 이와 관련하여 계산하기 쉽게 미터(m)의 길이를 광속이 똑 떨어지는 수치 (299,792,458m/초)가 되도록 살짝 조정했다(p.15 그림 1.1 참조).

빛은 항상 똑같이
$c=299,792,458$m/초로 움직이고 있다.
즉 빛의 속도는 불변의 우주상수다.

이것이 상대성이론의 근간이 되는 두 번째 원리다. 많은 물리학자들은 지난 100년 동안 빛의 속도에 대한 보편성을 높여왔다. 이것이 상대성이론의 출발점이다.

다음 절에서는 이러한 현상의 대략적인 개요를 생각해본 뒤 좀 더 물리학적인 개념을 도입해보자.

빛보다 빠르다?

음속보다 빠른 것이 있다. 예컨대 서커스단의 맹수 조련사가 빠르게 휘두르는 채찍은 그 끝이 초음속으로 움직이면서 '휘익' 하는 소리를 낸다. 또 비행기 중에는 소리보다 빠른 속도로 날 수 있는 것도 있다. 그림 1.7은 음속을 돌파하는 것을 나타낸다.

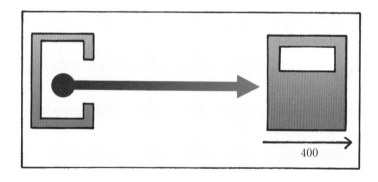

그림 1.7 음속을 돌파하는 모습

그러나 빛은 항상 같은 속도로 움직이고 있기 때문에 등속도로는 빛의 속도를 추월할 수 없다. 그림 1.8에서 우리는 속도계와 함께 초속 299,792,458－1m로 발광기와 반대인 오른쪽으로 이동한다.

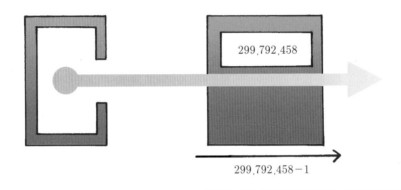

그림 1.8 광속에 가까운 속도로 오른쪽으로 돌파하려고 해도 왼쪽에서 따라오는 발광기에서 나온 빛의 속도는 c 그대로다.

그래도 빛은 변함없이 속도 c로 우리와 속도계를 추월하고 만다. 결국 등속도의 운동으로는 음속을 돌파할 수 없다.

우리는 빛보다 빨리 움직일 수 없다.

우리나 발광기의 속도와 관계없이 빛의 속도가 항상 일정한 것은 우리 상식으로 이해할 수 없는 일이다. 예를 들어보자. 일상생활에서는 외부에서 에너지를 공급하지 않으면 그 물체는 결국 멈춰 선다. 공이나 자동차, 비행기도 마찬가지다. 그러나 그것은 우리의 느낌일 뿐이고 실제로는 정반대다. 모든 물체는 외부에서 힘이 가해지지 않으면 등속직선운동을 계속한다. 지상이나 공기 중에서 운동하고 있는 물체가 정지하는 이유는 마찰력이 작용하여 점차 에너지를 잃기 때문이다. 일상생활의 경험과는 다를지 모르지만, 과학자들은 수백 년 전부터 그것이 진실이라는 것을 알고 있었다.

결론적으로 일상생활의 경험이 물리현상을 이해하는 데 도움이 되지 않는다는 사실을 알아야 한다.

6 이론 vs 실제

어떤 기술자가 빛보다 빨리 움직일 수 없다는 것이 사실이 아니라는 것을 증명하기 위해 강력한 로켓을 만들었다. 이상적인 꿈의 로켓으로, 로

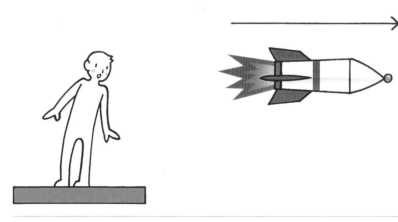

그림 1.9 로켓은 콩 한 알을 밀며 앞으로 나아간다.

켓 전체가 추진력에 사용되는 연료로 이루어져 있어 로켓 자체의 질량은 없다고 가정하자. 이 로켓이 운반하는 화물은 작은 콩 한 알뿐이다.

그림 1.9에서는 콩을 로켓 끝에 있는 녹색 구슬로 나타냈다.

속도가 빨라짐에 따라 가속하는 것이 점차 어려워진다. 예컨대 속도가 광속의 99%에 이르면 로켓의 추진력은 속도를 증가시키는 데 그다지 효과적이지 않다.

질량과 관성

그렇다면 대체 화물인 콩 안에서 무엇이 변한 것일까?

실은 콩의 관성질량이 증가한 것이다! 관성질량은 줄여서 질량 또는 관성이라고도 한다. 관성질량에 대해 다음과 같이 생각해보자.

그림 1.10과 같이 표면을 곱게 간 매끈한 돌을 스케이트장의 얼음판 위에 놓는다. 반질반질한 얼음 위에서는 마찰이 매우 작은데도 돌을 가속하기 위해서는 힘을 가해야 한다. 두 배로 큰 돌이라면 두 배의 힘이 필요하다. 왜냐하면 두 배로 큰 돌은 두 배의 질량을 가지고 있기 때문이다. 물체를 가속하기 위해서는 질량에 비례하는 크기의 힘을 외부에서 가해야 한다. 여러 가지 물리현상에서 물질의 가장 중요한 특징이 바로 '질량'이다.

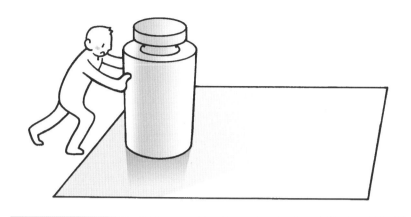

그림 1.10 얼음판 위에서 관성질량을 밀어본다.

1·8 관성과 무게

그런데 돌의 무게가 아니라 질량이라고 했다. 그렇다면 '무게'와 '질량'은 어떤 관계가 있을까?

돌의 질량이 크면 클수록 서 있는 돌을 움직이게 하는데 더 큰 힘이 필요하고, 돌의 무게가 무거울수록 운동하고 있는 돌을 멈추게 하기가 어렵다. 돌은 중력에 의해 아래로 떨어지려고 하는데 떨어지지 않게 하려면 질량에 비례하는 힘을 가해 지탱해주어야 한다.

지구상에서는 돌의 무게로 질량을 측정하는데, 우주에서는 돌을 '밀어서' 생기는 가속도로 질량을 측정할 수 있다.

다시 꿈의 로켓으로 돌아가서 화물인 콩에 대해 생각해보자. 속도가 크면 클수록 가속에 대한 콩의 저항이 증가한다. 이것은 콩의 질량이 증가했다는 것을 의미한다. 일반적으로는 다음과 같이 정리할 수 있다.

> **물체의 속도가 크면 클수록 물체의 질량은 증가한다.**

그러나 아무것도 없는 데서 질량이 생겨나는 것은 아니다. 콩의 질량이 증가했다는 것은 콩에 무엇이 추가되었다는 것일까?

에너지

로켓의 연료를 다량 사용하여 콩에 운동에너지를 추가했다. 여기서는 에너지에 대해 살펴보자.

에너지에는 열에너지, 전기에너지, 운동에너지 등 여러 가지가 있는데, 약 100년 전부터 실험에 의해 어떤 에너지든 다른 종류의 에너지로 '변환'이 가능하다는 것을 알게 되었다. 예컨대 자동차를 운전하면 연료 분자가 가지고 있던 화학에너지를 분자의 열에너지로 변환하고, 이 열에너지를 다시 자동차를 달리게 하는 운동에너지로 변환시킨다. 목적은 자동차의 주행이지만, 자동차는 달리면서 주위의 공기까지 운반한다. 결국 자동차의 운동에너지 대부분은 공기의 소용돌이로 변환되어 잃어버리게 된다. 그 소용돌이가 점차 작은 소용돌이에 파괴되고, 결국 마찰에 의해 공기의 열에너지로 변환된다. 공기의 열에너지는 일정한 방향 없이 불규칙하게 운동하는 공기 분자의 에너지다.

어떤 종류의 에너지라도 물리세계에서는 손실되지 않고 다른 종류의 에너지로 변환할 수 있다는 사실은 이미 오래전부터 많은 실험을 통해 밝혀졌다. '에너지'라는 개념이 확립하기까지 100년이 넘는 세월이 걸렸다. 그런데 열, 전기, 자동차 주행은 왜 같은 에너지를 갖는 것일까? 물리학자들은 어떤 실험에서든 어떤 종류의 에너지도 다른 종류로 변환할 수 있고, 에너지 자체는 사라지지 않으며, 무에서는 아무것도 발생하지 않는다는 것을 발견했다.

'줄^{joule}'은 에너지를 표시하는 단위다. 1줄은 초속 1m로 운동하는 2kg 정도의 물질이 갖는 운동에너지다.

1줄의 에너지는 여러 가지 다른 종류의 에너지로 변환할 수 있지만, 1줄의 에너지 자체는 그대로다. 이것은 실험 결과 얻은 것으로, 이론적으로 증명할 수는 없지만 물리학적으로는 다음과 같이 정리할 수 있다.

에너지는 보존된다.
에너지의 종류는 변환할 수 있지만, 창조도 파괴도 할 수 없다.

다시 로켓과 콩으로 돌아가보자. 로켓의 연료에 들어 있던 에너지의 대부분은 콩을 가속시키는 운동에너지로 변환되었다. 결국 콩은 로켓에서 많은 운동에너지를 받은 것이다.

10 질량과 운동에너지

콩이 가진 에너지는 어떻게 측정할 수 있을까? 콩이 나아가는 궤도에 벽을 설치한 뒤 콩이 벽에 충돌하면 그 파손 상태로 에너지를 산정할 수 있다. 벽에 뚫린 구멍이 크면 클수록 콩이 가지고 있던 운동에너지는 크다. 두 배로 강력한 로켓을 사용하면 구멍도 두 배로 커진다. 본래의 로켓이 콩을 광속의 99%까지 가속시켰다고 가정해보자. 그러나 두 배로 강력한 로켓으로도 콩을 광속의 99.9%밖에는 가속시킬 수 없다. 결과적으로 속도는 그다지 증가하지 않는다.

콩의 운동에너지가 속도에 그다지 영향을 주지 않는다면 운동에너지는 콩 내부의 어디에 있는 것일까?

물체의 속력이 증가하면 물체의 질량도 점점 증가한다. 바꿔 말하면, 물체는 어떤 종류의 에너지이든 많이 가질수록 더 큰 질량을 가지고 있다고 할 수 있다. 따라서 "질량 자체가 에너지의 한 종류일까?"라는 의문이 생긴다.

그렇다면 정지해 있는 돌의 운동에너지는 어디에 있는 것일까?

정지질량과 운동에너지

여러 종류의 에너지는 서로 변환할 수 있는데, 만일 질량 자체가 에너지의 한 종류라면 운동하지 않는 물체의 정지질량도 다른 종류의 에너지로 변환할 수 있을까? 지금까지 정지질량은 돌처럼 '꼼짝하지 않는' 것으로 생각해왔다. 그러나 돌을 구성하는 전자나 양성자는 끊임없이 움직이고 있다. 이 입자들은 돌이 정지해 있어도 정지해 있지 않다.

1) 내부운동의 운동에너지

게다가 '열'은 불규칙적으로 운동하고 있는 분자의 에너지다. 다시 말해 돌에 열을 가하면 내부운동의 운동에너지는 증가한다. 따라서 물리학 세계에서는 돌이 뜨거워짐에 따라 돌의 질량은 증가한다. 그림 1.11은 내부운동의 모습을 나타낸 것이다.

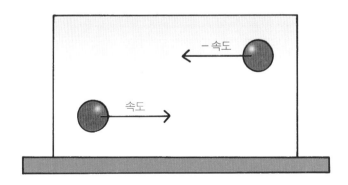

그림 1.11 상자 안에서 왕복운동하는 2개의 공이 상자 전체의 정지질량을 높인다.

어떤 상자 안에 완전히 똑같은 2개의 공이 왕복운동을 하고 있다. 공이 좌우의 벽에 동시에 충돌하기 때문에 상자는 그곳에 그대로 정지해 있다. 공이 운동에너지를 운반하고 있기 때문에 공의 질량은 그 자체의 정지질량보다 커진다. 따라서 공이 빨리 움직일수록 상자 전체의 정지질량은 증가한다.

2.6절(54~57쪽)에서 운동하고 있는 물체의 질량 증가를 계산하는 방법에 대해 자세히 설명하고 있으니 그 부분을 참조하면 된다.

돌에 대하여 다시 생각해보자. 돌의 질량 중 몇 퍼센트가 원자의 운동에너지에 의한 것일까? 이것은 대답하기 매우 어려운 질문이다. 왜냐하면 '질량과 에너지'라는 개념은 마치 동전의 양면처럼 융합되어 있기 때문이다.

2) 순수한 에너지

정지질량이라도 운동에너지를 가질 수 있다. 그렇다면 순수한 에너지, 다시 말해 정지질량을 갖지 않는 에너지도 존재할까? 만일 있다고 해도 우리 곁에 머물러 있을 수 없다. 왜냐하면 정지질량을 갖고 있지 않아 정지한다면 아무것도 남지 않기 때문이다. 그런데 지금까지 여러 번 언급한 '빛'은 그야말로 순수한 에너지다. 우리가 아무리 빨리, 어떤 방향으로 움직여도 빛은 언제나 광속 c로 움직이고 있고, 멈추지 않는다. 다시 한 번 강조하건대 이러한 실험적인 결과가 상대성이론의 출발점이었다. 깊이 연구할수록 이 이론에는 놀랄만한 현상이 나타나는데, 다음과 같이 표현할 수 있다.

빛은 순수한 에너지이기 때문에
멈추지 않고 언제까지나 속도 c로 움직인다.

　만일 질량과 순수한 에너지가 동전의 앞뒷면이라면 사고실험을 통해 이 둘을 결합할 수 있다. 사실 아인슈타인 자신이 그 같은 사고실험을 고안하였다. 이제부터 그 사고실험으로 여러분을 초대한다.

1·12 순수한 에너지의 질량

　그림 1.12와 같이 스케이트장에 세워져 있는 벽을 상상해보자. 벽에는 수많은 광원이 달려 있다. 한순간 벽의 오른쪽에서 일제히 빛이 나와 오른쪽 방향으로 이동한다. 그 빛 덩어리를 노란색으로 나타냈다.

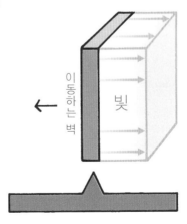

그림 1.12 한순간 벽의 오른쪽에서 일제히 나온 빛 덩어리의 모습. 그 반동으로 벽이 왼쪽으로 이동하기 시작한다. 뾰족하게 표시한 부분은 질량중심의 위치를 가리킨다.

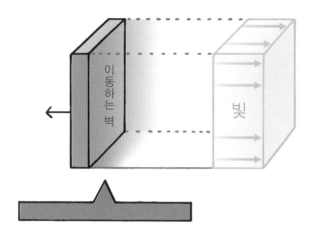

그림 1.13 한순간 벽 오른쪽에서 일제히 나온 빛 덩어리가 벽에서 멀어져 오른쪽으로 이동한다. 그 반동으로 벽이 왼쪽으로 이동하기 시작한다. 바닥에 뾰족하게 표시된 질량중심은 움직이지 않는다.

한순간 벽에서 방출된 빛 덩어리가 **그림 1.13**처럼 오른쪽으로 움직이고 있다.

빛은 에너지 덩어리를 일정한 부피 안에 담고 있다. 이 에너지가 벽에 '압력'을 가하고 있다. 왜냐하면 압력은 단위 부피의 에너지이기 때문이다. 이것은 무슨 의미일까? 압력솥을 생각해보자.

솥에 압력을 가하면 솥은 그만큼의 에너지를 가진다. 솥의 뚜껑을 열면 그 에너지가 쏟아져 나온다. 똑같은 솥에 두 배의 압력을 가면 두 배의 에너지를 가진다. 마찬가지로 두 배 크기의 압력솥에 원래 크기의 압력을 가하면 솥은 두 배의 에너지를 갖는다. 즉 압력과 부피의 곱이 에너지가 된다. 에너지는 압력과 부피의 곱이기 때문에 압력과 부피가 두 배가 되면 에너지도 두 배가 된다. 결국 압력은 에너지÷부피가 된다.

따라서 빛은 벽에서 나오면서 벽에 압력을 가하게 된다. 다시 말하면, 벽은 오른쪽으로 나온 빛 덩어리의 반동으로 인해 어떤 속도로 왼쪽으로 움직인다.

그런데 스케이트장에 세워져 있는 거대한 벽이 갑자기 왼쪽으로 움직이기 시작했다면 오른쪽으로 움직이는 질량은 없는 것일까? 이것은 있을 수 없다. 왜냐하면 외부의 영향이 없으면 어떤 물체의 질량중심은 절대로 움직일 수 없기 때문이다. 단, 한 가지 생각할 수 있는 것은 빛 자체가 질량을 오른쪽으로 운반하면 가능하다.

그림 1.14는 그 모습을 나타낸 것이다. 만일 거대한 벽이 반동으로 왼쪽으로 조금 움직였을 때, 빛은 그에 비해 작은 질량을 갖고 매우 긴 거리를 지나 오른쪽으로 옮겨간다. 그러나 질량중심은 그대로 뾰족한 돌기의 정점에 멈춰 있다. 마치 저울이 균형을 이룬 상태와 같다.

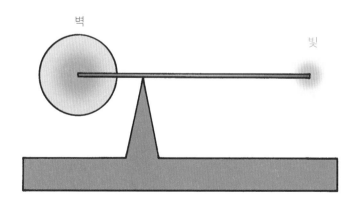

그림 1.14 전체 질량중심은 외부의 영향이 없으면 움직이지 않는다.

빛은 얼마만큼의 에너지를 가져간 것일까? 순수한 에너지인 빛이 벽을 밀었다. 만일 두 배의 빛이 벽에서 나온다면 벽은 그 반동으로 두 배 뒤로 이동할 것이다. 즉 두 배의 빛은 두 배의 질량을 옮긴다. 이것을 다음과 같이 생각해보자.

순수한 에너지인 'E'에 질량 'm'이 들어 있고 질량과 에너지는 비례한다. 일반적으로 순수한 에너지와 질량의 관계에서 비례상수는 자연정수의 하나로, 빛의 속도의 역제곱이다. 그것에 대한 상세한 이론은 **부록 11.2**(p.227)를 참조한다.

$$m = \frac{E}{c^2} \qquad (1.2)$$

아인슈타인은 1905년에 다음과 같이 썼다*.

> *Wenn die Theorie den Tatsachen entspricht,*
> *so überträgt die Strahlung Trägheit* (⋯).

상대성이론이 옳다면 복사선은 질량을 운반한다.

그런데 아인슈타인의 초기 사고실험에는 오류가 있었다. 이 오류에 대해서도 **부록 11.2**에서 설명했다.

---

* A. Einstein. 물체의 관성은 포함된 에너지에 의존하는가?《물리연대기》제18권, 639쪽, 1905
  A. Einstein. 에너지의 중심이동과 관성의 원리《물리연대기》제20권, 627쪽, 1906

질량과 에너지의 등가

정리해보자.

질량은 에너지의 하나다.
에너지도 질량을 갖는다.
따라서 상대성이론에 의하면 에너지를 질량으로,
질량을 에너지로 변환할 수 있다.

이것을 '질량과 에너지의 등가'라 한다. 따라서 앞에서 설명한 방정식 1.2(p.34)를 다음과 같이 유명한 공식으로 고쳐 쓸 수 있다.

$$E = mc^2 \qquad (1.3)$$

이 공식은 에너지, 질량, 빛의 속도 사이의 관계를 나타낸다.

위의 수식 1.3은 실험을 통해 확인할 수 있다. 그림 1.15와 같이 만일 빛이 원자와 충돌하면 원자는 갑자기 움직이기 시작한다. 빛에너지가 원자의 운동에너지로 변환한 것이다. 그러나 만일 빛에너지가 충분히 크면 때때로 빛에너지의 일부는 '전자'와 '양전자'의 질량으로 변환한다. 그리고 이 2개의 입자가 원자에서 튀어나온다. 이것을 통해 순수한 에너지가 질량으로 변환하는 것을 실험적으로 확인할 수 있다.

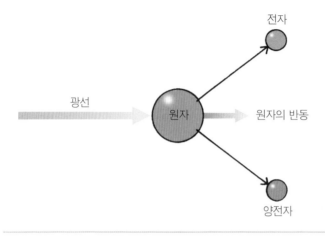

전자

광선

원자

원자의 반동

양전자

그림 1.15 순수한 에너지는 원자와 충돌하여 질량을 갖는 전자와 양전자를 생성한다.

1.14 정보에는 에너지가 필요하다

지금까지 질량과 에너지를 가진 물체가 빛보다 빨리 움직일 수 없다는 것을 설명했다.

그런데 만일 질량과 에너지가 그대로인 채 그 상태에 대한 정보만을 보내려고 한다면 어떻게 될까? 예를 들면, 전화 같은 장치를 사용하여 단순한 '정보'를 빛보다 빠른 속도로 보내고, 다른 먼 곳에 살고 있는 사람이 그 정보를 받고, 건너편에 똑같은 상태의 것을 작성할 수 있을까?

대답은 '불가능'이다. 왜냐하면 정보를 보내기 위해서는 질량이나 에너지가 필요하기 때문이다. 정보를 다루기 위해서는 먼저 그 정보를 어떠한 방법으로든 보존하지 않으면 안 된다. 그러기 위해서는 질량이나 에너지가 필요하다. 따라서 매우 단순한 정보조차 빛보다 빨리 움직일 수 없다.

제 2 장

빛, 시간, 질량과 길이

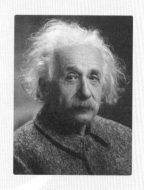

알베르트 아인슈타인
1879~1955
특수상대성이론과 일반상대성이론을 확립한 독일의 물리학자

빛과 시간

발광기와 속도계가 상대적으로 움직이지 않는 상태를 좀 더 자세히 알아보자. **그림 2.1**에서는 속도계를 생략하고 모든 필요한 장치를 투명한 엘리베이터에 넣었다. 어디선가 여러분은 이런 엘리베이터를 본 적이 있을 것이다. 그림에서 하늘색 사각형이 엘리베이터다.

엘리베이터 안에 있는 사람은 발광기에 대해 정지해 있다. 엘리베이터 안에 있는 사람의 기준에서는 빛이 수평하게 움직이기 때문에 엘리베이터의 오른쪽 벽까지 이르는 데 걸리는 시간을 옆에 정지해 있는 시계로 관측한다.

엘리베이터 밖에 있는 우리도 안에 있는 사람과 마찬가지로 빛이 출발하는 것을 본다. 빛이 오른쪽으로 움직임과 동시에 엘리베이터는 빛과 함께 위로 움직인다. 예를 들어 빛이 엘리베이터의 오른쪽 벽에 다다르는 시간의 절반이 지나면 벽에 도착하는 높이의 절반이 지나기 때문에 빛은 비스듬히 위로 움직인다.

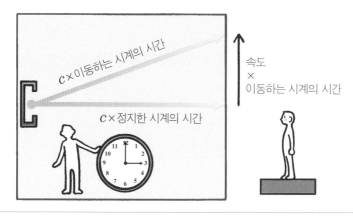

그림 2.1 밖에 서 있는 우리가 보았을 때 엘리베이터는 위로 움직인다. 속도는 '거리÷시간'이기 때문에 거리를 '속도×시간'으로 기입했다.

그 위로 비스듬히 향한 선은 수평한 선보다 길다. 그러나 엘리베이터 안에서 관측하든 밖에서 관측하든 빛은 항상 같은 속도인 c로 움직인다. 즉 광속의 수치가 달라지지는 않지만 '광속의 방향'은 변한다. 따라서 밖에 서 있는 우리가 관측한 빛이 발광기에서 나와 엘리베이터의 오른쪽 벽까지 가는 시간은 안에 있는 사람이 관측한 시간보다 '긴' 시간이 걸린다.

이동하는 시계의 시간 > 정지한 시계의 시간   (2.1)

따라서 빛과 시간 사이에는 어떤 관계가 있다는 것을 알 수 있다. 밖에 있는 우리에게 엘리베이터 안의 시계는 느리게 움직인다. 만일 엘리베이터 안에 앉아 있는 사람이 "1초가 지났다"고 말하면 밖에 있는 우리는

"아니다. 1초보다 긴 시간이 지나갔다"고 대답한다. 이것은 다음과 같이 정리할 수 있다.

광속은 절대적인 수치이고,
관측 대상물의 시간의 흐름은 관측자의 상대속도에 따라 달라진다.

이동하는 시계의 시간과 정지한 시계의 시간을 비교할 때는 그리스문자 'γ(감마)'를 사용한다. γ는 0에서 1 사이의 값을 갖는다.

$$\left(\begin{array}{c}\text{관측자에 대하여}\\\text{이동하는 시계의 시간}\end{array}\right) \times \gamma = \left(\begin{array}{c}\text{관측자에 대하여}\\\text{정지하는 시계의 시간}\end{array}\right)$$

엘리베이터의 속도가 0이라면 γ는 1이고, 밖과 안의 시간의 흐름은 같다. 엘리베이터의 속도가 빨라질수록 사선이 길어지기 때문에 γ는 작아진다.

다시 한 번 그림 2.1(p.41)을 살펴보자. 밖에 있는 우리에 대하여 빛이 비스듬한 직선을 지날 때, 엘리베이터는 그보다 짧은 수직선을 지난다. 즉 엘리베이터의 속도는 광속보다 작다고 할 수 있다.

다시 다음과 같은 법칙을 적용할 수 있다.

물질은 관측자에 대하여 빛보다 빨리 움직일 수 없다.

감마값

γ값은 비교적 간단히 계산할 수 있다. 유클리드 기하학의 피타고라스의 정리(삼각함수의 정리)만 있으면 된다. 그림 2.2를 보자. 그림 2.1(p.39) 안의 직각삼각형은 피타고라스의 정리에 따라 다음과 같이 정리할 수 있다.

$$(c \times \text{이동하는 시계의 시간})^2$$
$$= (c \times \text{정지한 시계의 시간})^2 + (\text{속도} \times \text{이동하는 시계의 시간})^2$$

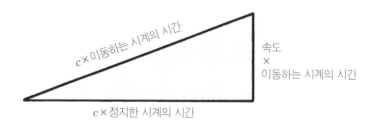

그림 2.2 이동하는 시계의 시간과 정지한 시계의 시간과의 관계는 피타고라스의 정리로 나타낼 수 있다.

밖에 서 있는 우리는 정지한 시계의 시간을 알고자 하기 때문에 다음과 같이 나타낸다.

$$c^2 \times (\text{이동하는 시계의 시간})^2 - \text{속도}^2 \times (\text{이동하는 시계의 시간})^2$$
$$= c^2 \times (\text{정지한 시계의 시간})^2$$

여기서 공통인수인 '이동하는 시계의 시간'을 정리해보자.

$$(\text{이동하는 시계의 시간})^2 \times (c^2 - \text{속도}^2)$$
$$= c^2 \times (\text{정지한 시계의 시간})^2$$

계속해서 식의 양쪽을 c^2으로 나눈다.

$$(\text{이동하는 시계의 시간})^2 \times \left(1 - \frac{\text{속도}^2}{c^2}\right)$$
$$= (\text{정지한 시계의 시간})^2$$

이동하는 시계의 시간과 정지한 시계의 시간의 제곱은 음수가 아니기 때문에 인수 $\left(1 - \frac{\text{속도}^2}{c^2}\right)$도 음수가 아니다. 즉 속도는 c보다 크지 않다. 이어서 제곱근을 구한다. 이것으로 밖에서 관측한 '이동하는 시계의 시간'과 엘리베이터 안의 '정지한 시계의 시간' 사이의 관계를 알 수 있다.

$$(\text{관측자에 대하여 이동하는 시계의 시간}) \times \sqrt{1 - \left(\frac{\text{속도}}{c}\right)^2}$$
$$= \text{관측자에 대하여 정지한 시계의 시간}$$

이 제곱근이 γ값이다.

$$\gamma = \sqrt{1 - \left(\frac{\text{속도}}{c}\right)^2} \qquad (2.3)$$

그림 2.2(p.43)의 삼각형을 이용하여 γ값을 계산할 수 있다. 이번에는

가장 긴 변과 다른 변과의 비율을 측정한다. 가장 긴 변($c \times$이동하는 시계의 시간)으로 다른 변을 나눈다. 가장 긴 변의 길이는 당연히 1이 된다. 밑변($c \times$정지한 시계의 시간)의 길이는 다음과 같다.

$$\frac{\not{c} \times (\text{정지한 시계의 시간})}{\not{c} \times (\text{이동하는 시계의 시간})} = \gamma$$

우변(속도$\times$이동하는 시계의 시간)의 길이는 다음과 같다.

$$\frac{\text{속도} \times \cancel{(\text{이동하는 시계의 시간})}}{c \times \cancel{(\text{이동하는 시계의 시간})}} = \frac{\text{속도}}{c}$$

바꿔 말하면, γ값과 $\dfrac{\text{속도}}{c}$는 반지름이 1인 원의 좌표가 된다. 따라서 그림 2.3에서도 γ값의 크기를 알 수 있다.

상대성이론을 근거로 계산하면 γ값이 반드시 나타난다. 이 경우 대개 속도보다는 γ값이 다루기 쉬운 수량이다.

γ값은 1과 얼마나 다른 것일까? 비행기는 대략 시속 1000km, 즉 3600초당 10^6m, 초속 약 3×10^2m로 난다. 광속이 대략 초속 3×10^8m이기 때문에 비행기는 광속의 약 10^6분의 1로 날고 있는 셈이다.

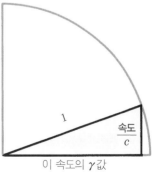

그림 2.3 어떤 속도의 γ값과 그 속도를 광속으로 나눈 값은 피타고라스의 정리와 관련이 있다.

1

$\dfrac{\text{속도}}{c}$

이 속도의 γ값

$$\frac{\text{속도}}{c} \fallingdotseq 10^{-6}$$

그런 다음 이것을 제곱하면 1조분의 1, 즉 10^{-12}이다. 따라서 일상생활에서의 속도는 γ 값이 거의 1이다. 그래도 '일상생활과 상대성이론 현상은 매우 동떨어져 있다'고 생각하는 것은 잘못이다. 제3장에서는 초속 1mm 이하에서도 시간이 어긋난다는 것을 설명할 예정이다.

광속에 비해 매우 작은 속도일 때는 γ의 근사값을 계산하는 일도 자주 있다. 여기에 대한 자세한 설명은 **부록 11.3**을 참조하자. 결과는 다음과 같다.

$$\gamma = \sqrt{1 - \left(\frac{\text{속도}}{c}\right)^2} \fallingdotseq 1 - \frac{1}{2}\left(\frac{\text{속도}}{c}\right)^2 \qquad (2.4)$$

γ 값의 중요한 특징을 열거하면 아래와 같다.

1. 속도 0의 γ값은 1이다.
2. 속도가 커질수록 γ값이 작아진다.
3. 속도가 광속에 가까운 경우 γ값은 거의 0이다.
4. 광속보다 훨씬 작은 속도에서의 어림 계산에서 γ값은 1과의 차가 속도의 제곱에 비례한다.

누구의 시계가 느린가?

그림 2.1에서 엘리베이터 안에 있던 시계와 사람은 이제 **그림 2.4**와 같이 발광기를 올라가는 엘리베이터의 밖 왼쪽에 두고, 우리는 그 엘리베이터를 탄다. 밖에 서 있는 사람은 수평한 광선을 보고 있지만, 우리에 대하여 광선은 비스듬히 아래로 움직인다. 우리에 대하여 빛은 수평으로 움직이기보다 길게 비스듬히 아래로 움직이기 때문에 엘리베이터 밖에 있는 사람의 시계는 느리게 진행한다.

앞에서는 밖에 서 있는 우리에 대하여 엘리베이터 안에 탄 사람의 시계가 느리게 진행된다고 설명했다.

그렇다면 누구의 시계가 '진짜로' 느린 것일까?

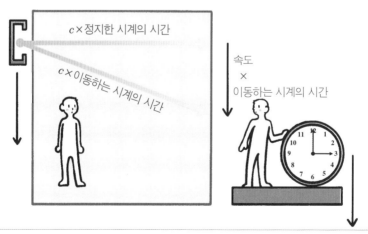

그림 2.4 올라가는 엘리베이터를 탄 우리에 대하여 밖에 있는 사람과 발광기는 아래로 움직인다.

답은 "이 질문 자체가 옳지 않다"이다. 이 질문은 마치 "한밤중과 바깥 중 어느 쪽이 추운가?"라는 질문처럼 전혀 비교 불가능한 각기 다른 상황을 비교하고 있다. "누구의 시계가 느린가?"라는 질문도 비교 불가능한 두 상황을 비교하고 있는 것이다. 엘리베이터 안에 있는 사람과 엘리베이터 밖에 있는 사람의 시계를 비교하고 싶다면, 양쪽 모두에 머물러 있지 않으면 안 된다. 그런 상태에서만 양쪽 시계의 시간을 비교할 수 있다. 그러기 위해 적어도 한 사람은 속도를 '변경'해야 한다. 그렇게 되면 시계의 진행 속도가 달라지고 만다. 가속한 시계의 시간에 대해서는 **제4장**에서 알아보기로 한다. 두 사람의 관측자는 서로 엇갈려 각기 등속직선운동을 이어간다. 그 상태에서는 '양쪽 모두' 시계에 대한 의견이 옳다.

빛, 시간 그리고 길이

1) 속도가 향하는 방향의 길이

그림 2.1(p.39)에서 관측자는 어떻게 속도를 측정할까? 먼저 우리는 엘리베이터 밖에 서서 발아래에 막대를 놓는다. 막대는 **그림 2.5**와 같이 위쪽을 향한 갈색 화살표로 나타냈다. 그 막대의 길이를 측정한다.

우리는 막대에 대하여 정지해 있기 때문에 이 길이를 '정지해 있는 막대의 길이'라 부른다. 그리고 올라가는 엘리베이터가 우리를 통과하는 시간을 측정한다. 여기서는 엘리베이터 안에 있는 우리에 대하여 이동하는 시계를 사용하여 다음과 같이 속도를 측정한다.

$$속도 = \frac{정지한\ 막대의\ 길이}{이동하는\ 시계의\ 시간}$$

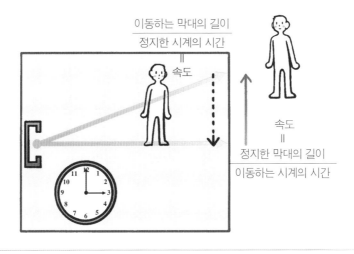

그림 2.5 막대와 시계를 사용해 상대속도를 측정한다.

예를 들어, 정지해 있는 막대의 길이가 1m이고, 그것을 통과하는 데 이동하는 시계의 시간이 1초이면 속도는 초속 1m다.

엘리베이터 안에 있는 사람은 무엇을 관측하는 것일까? 등속직선운동의 속도는 완전히 상대적이기 때문에 엘리베이터 안에 있는 사람은 "나는 멈춰 있다. 막대가 아래로 일정 속도로 움직이고 있다"고 말할 수 있다. 엘리베이터 안에 있는 사람에 대하여 속도는 다음과 같다.

$$속도 = 1 = \frac{이동하는\ 막대의\ 길이}{정지한\ 시계의\ 시간}$$

밖에 서 있는 우리가 이동하는 시계의 시간 1초를 측정하면 엘리베이터 안에 있는 사람은 더 짧은 'γ'초의 간격을 측정한다. 따라서 같은 속도를 측정하기 위해서는 엘리베이터 안에 있는 사람에 대하여 '이동하는 막대의 길이'가 1m가 아닌 좀 더 짧은 'γ'm가 되어야 한다.

$$\left(\begin{array}{c} 어떤\ 속도로\ 움직이고\ 있 \\ 는\ 방향의\ 막대의\ 길이 \end{array} \right) = (정지한\ 막대의\ 길이) \times \gamma \qquad (2.5)$$

2) 속도가 향하는 방향과 그것에 대하여 수직인 방향의 길이

속도의 진행 방향과 수직 관계에 있는 길이는 속도에 의존할까? 그림 2.6 은 엘리베이터를 움직이는 바퀴와 축, 레일을 나타낸 것이다. 안에 있는

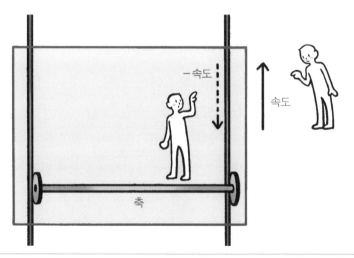

그림 2.6 속도가 향하는 방향에 대하여 수직인 막대의 길이는 움직여도 변하지 않는다.

사람과 밖에 있는 사람 모두 축의 길이를 측정한다.

밖에 서 있는 사람에게 레일은 움직이지 않는다. 레일의 폭은 '정지한 축의 길이'다. 올라가는 엘리베이터에 타고 있는 사람에게도 축은 정지해 있기 때문에 축의 길이는 '정지한 축의 길이'다. 만일 그때 밖에 있는 사람이 엘리베이터와 함께 위쪽으로 움직이는 축에 대하여 다른 길이를 관측했다면, 밖에 있는 사람에 대하여 축은 레일의 폭보다 길거나 짧기 때문에 엘리베이터는 탈선하고 만다.

속도에 수직한 방향의 길이는 변하지 않는다.

'같은 시각'이란?

사고실험으로 시간과 길이의 관계를 좀 더 자세히 알아보자. '막대와 창고'라는 유명한 예제다. 얼핏 보기에 빛과는 전혀 상관없어 보이는 1개의 막대가 창고에 들어갈 수 있도록 줄어든다는 이야기다.

먼저 막대를 창고에 넣는다. 막대는 창고보다 길다. 창고에는 전동식 문이 있는데, 왼쪽에는 앞문, 오른쪽에는 뒷문이 설치되어 있다. 우선 그림 2.7에서 움직이지 않는 막대가 창고보다 길다는 것을 확인하자.

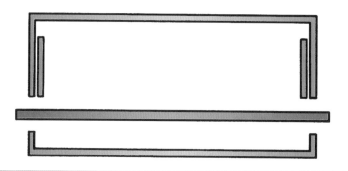

그림 2.7 정지해 있는 막대는 창고보다 길다.

우리는 창고 한가운데에 서 있다. 그리고 어떤 사람이 일단 막대를 창고에서 밖으로 꺼냈다가 빠른 속도로 왼쪽에서 오른쪽으로 창고 안을 통과한다. 2.4절(p.46~49)에서 설명했듯이, 수축에 의해 창고에 대하여 막대가 충분히 빨리 움직이면 막대는 창고보다 짧아진다. 우리는 아주 적당한 타이밍에 왼쪽과 오른쪽 문이 '동시에' 아주 짧은 시간 동안 닫혔다가 곧 열리도록 설정했다. 그러면 **그림 2.8**과 같이 매우 짧은 시간 동안 막대는 완전히 창고에 들어간다.

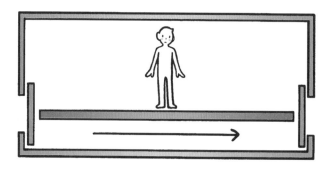

그림 2.8 움직이는 막대는 창고 한가운데에 있는 우리에 대하여 창고보다 짧다.

그런데 막대를 운반하는 사람은 무엇을 보는 것일까? 운반하는 사람에 대하여 창고는 오른쪽에서 왼쪽으로 움직이고 있다. 즉 창고는 좀 더 짧아졌다. 따라서 운반하는 사람에 대하여 막대는 창고에 들어갈 수 없어야 한다. 어째서 막대는 짧은 시간에 양쪽 문이 닫힌 창고에 들어갈 수 있을까?

그것이 의미하는 바를 **그림 2.9**에 나타냈다. 막대를 운반하는 사람에 대하여 처음에 오른쪽 뒷문이 닫혔다가 곧 다시 열린다. 그런 다음 열려 있던 왼쪽 앞문이 닫혔다가 다시 열린다.

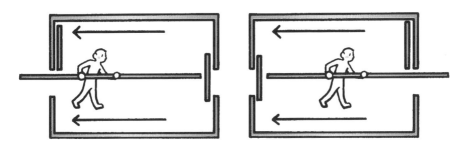

그림 2.9 운반하는 사람에 대하여 움직이는 창고가 정지한 막대보다 짧아도 앞문과 뒷문은 동시에 움직이지 않는다.

문이 닫힐 때 문에 달려 있는 플래시램프가 1회 점멸한다고 가정해보자. 우리는 창고 한가운데에 서 있다. 양쪽 문에 달린 플래시램프에서 나온 빛은 우리를 향해 광속 c로 다가온다. 따라서 양쪽 문의 빛은 '동시에' 우리에게 도달한다. 즉 우리가 볼 때 양쪽 문은 '동시에' 닫힌다.

막대를 운반하는 사람에 대해서도 양쪽 문에서 나온 빛은 같은 속도 c

로 움직이는데, 운반하는 사람은 오른쪽 문을 향해 움직이고 있기 때문에 오른쪽 문에서 나오는 빛을 먼저 본다. 즉 오른쪽 문이 닫히는 것을 왼쪽 문이 닫히는 것보다 빨리 본다. 운반하는 사람에 대하여 오른쪽 문은 왼쪽 문보다 앞서 닫혔다가 열린다. 따라서 다음과 같은 결론을 얻을 수 있다.

> 서로 다른 장소에서 사건이 일어날 때
> 동시 또는 시각은 절대적인 것이 아니라
> 관측하는 시계의 상대속도에 따라 달라진다.

시간과 물질

엘리베이터 밖에 서 있는 우리에 대하여 엘리베이터 안에서는 시간의 흐름이 느려진다. 그렇다면 엘리베이터 안에서 움직이는 물체에는 어떤 영향이 있을까? 밖에서 보면 모든 움직임이 똑같이 느려진다. 즉 우리가 있는 장소에서 보면 적어도 물체의 특징 한 가지가 변한다. 먼저 물체의 질량을 생각할 수 있다. 만일 모든 엘리베이터 안에 있는 물체의 질량이 우리에 대하여 증가하면 물체는 더욱 느리게 움직인다. 앞의 결과와 일치한다. 시계가 느려지기 때문에 물체는 빛보다 빠르게 움직일 수 없다. 간단히 정리해보면 다음과 같다.

우리에 대하여 움직이고 있는 물체에서는
물체 자체의 시간이 느리게 흐른다.
그러면 우리에 대하여 그 물체의 질량은 증가한다.

질량은 왜 속도에 따라 증가할까? 그림 2.10은 어떤 정지 질량을 가진 공이 천천히 수직으로 벽에 충돌하여 튕겨 오르는 모습을 나타낸 것이다.

공은 튕겨나온 뒤 원래의 속도 방향과 정반대 방향으로, 같은 크기의 속도로 위로 움직인다. 만일 공이 3배의 질량을 갖는다면 결과적으로 3배의

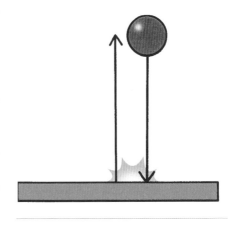

그림 2.10 공이 벽에 부딪쳤다가 튕겨나온다.

속도로 공이 움직이는 것과 같은 '미는 힘'이 벽에 가해진다. 벽에 가해지는 '미는 힘'은 공의 질량과 속도의 곱에만 의존한다.

물리학에서는 이러한 '미는 힘'을 운동량이라 한다.

$$운동량 = 질량 \times 속도$$

공의 속도가 충분히 작으면 공의 질량은 정지질량과 거의 같기 때문에 '운동량'은 다음과 같이 된다.

$$운동량 = 정지질량 \times 속도$$

이번에는 **그림 2.11**처럼 우리가 벽과 평행하게 빠르게 움직이고 있다. 즉 벽은 우리에 대하여 오른쪽에서 왼쪽으로 움직인다.

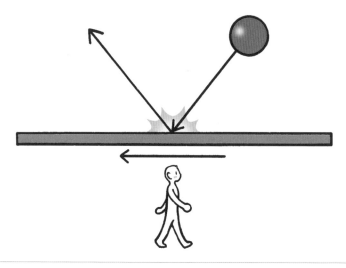

그림 2.11 우리가 벽을 따라 움직이고 있을 때, 우리에 대하여 공은 수직으로 벽에 부딪쳐 튕겨나가고 있다.

그렇다고는 해도 벽은 우리에 대하여 같은 '운동량'을 수직으로 받고 있다. 그리고 2.4절 2)에서도 설명했듯이 공과 벽 사이의 거리는 속도에 따라 달라지지 않는다. 단, 한 가지 오류가 있다. 공의 시간은 γ값에 비례하여 느려진다. 즉 우리에 대하여 공의 속도는 이 값에 비례하여 느려진다. 따라서 앞과 같은 크기의 '운동량'을 갖기 위해 공의 질량은 감마값의 역수, $\frac{1}{\gamma}$에 비례하여 증가해야 한다.

$$\text{어떤 속도로 움직이는 물체의 질량} = \frac{\text{정지질량}}{\gamma} \qquad (2.6)$$

앞의 1.13절 설명에 의하면 증가한 만큼의 질량은 '**물체의 운동에너지 증가분**$\div c^2$'이기 때문에 이때 질량의 총에너지는 다음과 같다.

$$\binom{\text{어떤 속도로 움직이는}}{\text{물체의 총에너지}} = \binom{\text{어떤 속도로 움직이는}}{\text{물체의 질량}} \times c^2 = \frac{\text{정지질량}}{\gamma} \times c^2$$

$$(2.7)$$

속도의 가법

이제야 비로소 어떤 물체라도 빛보다 빨리 움직일 수 없다는 것에 대해 실감했을 것이다. 1.6절에서 로켓의 끝에 달려 가속한 '콩'을 설명했는데, 만일 가속하지 않으면 어떻게 될까?

이번 사고실험에서는 그림 2.12과 같은 매우 튼튼하고 가벼운 상자를 생각해보자. 상자 안에는 2개의 공이 들어 있고 오른쪽 벽과 왼쪽 벽에 동시에 튕겨나온다. 즉 상자 자체의 질량은 무시하고 공의 질량에만 집중한다.

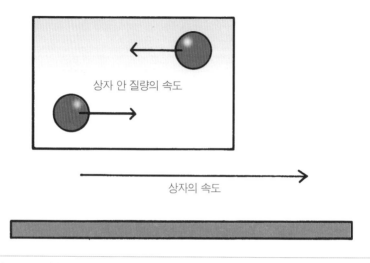

상자 안 질량의 속도

상자의 속도

그림 2.12 움직이는 가벼운 상자 안에서는 질량이 움직인다.

상자는 지면에 대하여 광속의 70% 속도로 오른쪽으로 움직이고 있다. 상자 안에서는 위쪽에 있는 공이 광속의 70% 속도로 왼쪽으로 움직이고 있다. 아래쪽에 있는 공은 같은 속도로 오른쪽으로 움직이고 있다. 이 상태에서 아래쪽 공은 지면에 대하여 광속의 140% 속도로 오른쪽으로 움직이는 것일까?

질량을 계산해보자. 상자 안에 서 있으면 양쪽 공의 질량은 같다. 수식 2.6(p.55)에 의해 $\frac{1}{\gamma}$값 × 정지질량에 광속의 70%를 적용하면 원래의 정지질량보다 커진다. 상자 밖에서 보면 이것이 상자의 정지질량이 된다. 즉 상자의 정지질량은 **2개의 공의 정지질량 ÷γ**다.

이번에는 지상에 서 있을 때의 질량을 계산해보자. 상자는 같은 광속의 70% 속도로 오른쪽으로 움직이고 있기 때문에 상자의 총질량은 **상자의**

정지질량÷γ다. 즉 상자의 총질량은 2개의 공의 정지질량÷γ^2이 된다.

이어서 공을 1개씩 살펴보자. 위쪽에 있는 공은 상자와 반대 방향으로, 상자와 같은 속도로 움직이고 있기 때문에 지면에 대하여 멈춰 있다. 즉 위쪽 공의 질량은 정지질량이다. 아래쪽 공의 질량은 앞에서 계산한 **상자의 총질량 – 위쪽 공의 질량**이 된다. 위쪽 공의 질량이 작기 때문에 아래쪽 공의 질량은 그만큼 커진다. 그러나 속도가 빨라질수록 질량은 커지기 때문에 아래쪽 공의 속도는 원래 속도의 두 배보다 '느린' 속도밖에 되지 않는다. 사실은 빛을 초월하지 않도록 느려지는 것이다. 바꿔 말하면, 다음과 같이 된다.

상대적인 속도의 가법

상자가 지면에 대하여 운동하고 있고 상자 안에 들어 있는 물체가
상자에 대해 상자와 같은 방향으로 운동하고 있는 경우
지면에 대한 물체의 속도는 각각의 속도를 합한 것보다 작고,
빛의 속도보다 느린 속도로 움직인다.

부록 11.4에 구체적인 계산이 수록되어 있다. 광속에 대한 비율의 결과는 다음과 같다.

$$\frac{\text{전체 속도}}{c} = \frac{\dfrac{\text{상자의 속도}}{c} + \dfrac{\text{상자 안 물체의 속도}}{c}}{1 + \dfrac{\text{상자의 속도}}{c} \times \dfrac{\text{상자 안 물체의 속도}}{c}}$$

우리가 살펴본 예제에서는 다음과 같이 된다.

$$\frac{전체 \ 속도}{c} = \frac{0.7+0.7}{1+0.7 \times 0.7} \fallingdotseq 0.94$$

결론적으로 아래쪽 공은 광속보다 느리게 오른쪽으로 움직이고 있다. 이 결과는 아무리 빠른 속도를 더해도 빛의 속도보다 빠를 수 없다는 것을 나타낸다.

제**3**장

빛, 전자와 전기

제임스 클러크 맥스웰

1831~1879

맥스웰 방정식을 수립한 영국의 물리학자

전하와 속도

상대성이론은 빛과 시간, 공간, 질량, 에너지 등의 관계에 많은 새로운 견해를 제시해주었다. 사람들은 상대성이론이 등장하기 전에는 예컨대 물체의 질량이 불변(불변량)이라고 생각했다. 또한 에너지도 '보존'되는 것이라 생각했다. 그러나 1906년에 아인슈타인은 다음과 같이 상대성이론으로 질량과 에너지는 근본적으로 완전히 같은 것이라고 말했다.[1]

Nach der in dieser Arbeit entwickelten Auffassung ist der Satz von der Konstanz der Masse ein Spezialfall des Energieprinzipes.

---

[1] A. Eistein. Das Prinzip von der Erhaltung der Schwepunktsbewegung und die Trägheit der Energie. Annalen der Physik지, 제20권, 627쪽, 1906.

질량은 에너지의 한 종류로 보존된다.

'시간'이나 '공간' 등 일상생활에서 너무도 당연한 개념을 그 근원부터 다시 생각하는 일은 어려운 일이었다. 독일의 철학자 임마누엘 칸트조차 '시간'과 '공간'은 사물을 관측하기 위해 이미 우리의 뇌에 있는 인식도구 같은 것이라 생각했다. 그러나 상대성이론에 이르는 지름길은 당시에도 이미 있었다. 그 '설계도'는 이미 있었고, 지금까지도 활약하고 있다. 그것은 바로 전기역학이다.

질량, 시간, 길이는 관측자의 속도에 의존하지만,
전하는 관측자의 속도에 의존하지 않는다!

또한 2.2절에서 설명한 절대적인 효과는 매우 빠른 속도에서만 쉽게 찾아볼 수 있는 것처럼 생각될지 모르지만 사실은 그렇지 않다.

전기는 느린 속도로 움직이는 전하의 상대적인 효과다. 전하의 속도는 초속 1mm 미만이다. 바꿔 말하면, 전기는 느린 속도에서 관찰할 수 있는 상대적인 현상이다.

3.2 전하와 자석

맥스웰은 19세기에 전자기이론을 개발했다. 그 이전에는 '전기'와 '자기'는 각기 다른 현상이라 생각했다. 그런데 어느 날, 다음과 같은 현상을 발견한 사람이 있었다.

> 도선에 흐르는 전류가 가까이에 있는 자석의 바늘을 움직인다.

그리고 과학자들은 그 같은 현상을 좀 더 상세히 관찰하기 시작했다.

> 전기모터에서는 자석에 대하여 도선을 통과하는 전류가 도선을 움직인다.
> 반대로 발전기에서는 자석에 대하여 움직이는 도선이 전류를 발생시킨다.

그림 3.1에서는 보라색 도선 안에 전하 – 이 경우에는 전자 – 가 뒤쪽으로 움직였다가 다시 앞쪽으로 되돌아온다. 바꿔 말하면, 도선에는 '전류'가 흐르고 있다. 자석의 자장은 움직이는 전하에 힘을 제공한다.

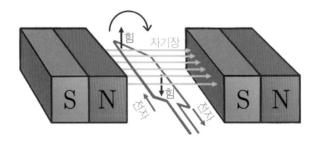

그림 3.1 자석의 자기장은 그것에 대하여 움직이는 전하에 힘을 제공한다. 자기장 자체는 눈에 보이지 않는다. 이것이 전기모터의 기초모델이다.

이를 로렌츠힘이라 한다. 힘의 방향은 **그림 3.2**처럼 왼손법칙을 이용하여 구할 수 있다.

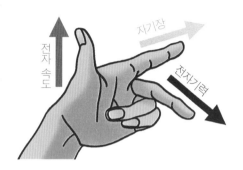

그림 3.2 왼손법칙: 엄지손가락과 집게손가락, 가운뎃손가락을 서로 직각이 되도록 펼친다. 만일 전자의 음전하가 엄지손가락 방향으로 이동하면 자기장은 집게손가락 방향으로 향하고, 전자기력은 가운뎃손가락 방향으로 작용한다. 이것은 교과서에 자주 나오는 '플레밍의 법칙'를 다르게 나타낸 것이다.

로렌츠힘은 **그림 3.1**과 같은 전기모터의 기초모델에 어떻게 작용할까? 전자는 자기장에 들어가 뒤쪽으로 이동한다. 자기장이 오른쪽을 가리키기 때문에 왼손법칙에 의해 전자기력은 위쪽으로 향한다. 따라서 도선 고리의 왼쪽은 위로 밀려 올라간다. 그런 다음 전자가 자기장 뒤에서 꺾여 자기장을 거쳐 앞으로 되돌아온다. 왼손법칙에 의하면, 이번에는 전자기력이 아래로 향한다. 결국 도선 고리의 오른쪽에 가해지는 힘의 방향은 아래를 향한다. 따라서 도선 고리는 시계방향으로 회전했다. 이것이 전기모터의 원리다.

그림 3.3에서는 이 효과를 반대로 살펴볼 수 있다. 이 경우 처음에는 도선에 전류가 흐르지 않는다. 도선 고리를 시계방향으로 회전시키면 도선의 왼쪽에 있는 전자는 위로 이동한다. 왼손법칙에 의하면, 이 전자에는

앞쪽을 향한 힘이 작용한다. 마찬가지로 오른쪽 아래로 이동하는 전자에는 뒤쪽으로 향한 힘이 작용한다. 결국 도선 고리에 전류가 흐르기 시작했다. 이것은 발전기의 원리다.

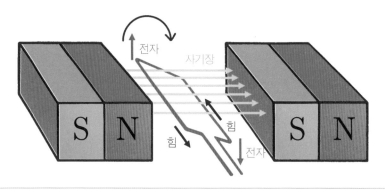

그림 3.3 자석의 자기장은 그것에 대하여 움직이는 전하에 힘을 제공한다. 앞과 같은 설비로 이번에는 발전기의 기초모델이 되었다.

 ## 전기장과 자기장

또한 맥스웰은 도선의 전류가 가까이에 있는 자석의 바늘을 움직이는 실험 데이터를 상세히 해석하여 전하나 자석의 에너지가 공간에 전기장이나 자기장으로 전파된다는 것을 확인했다. **그림 3.1**(p.62)과 **그림 3.3**의 도선은 자석에 직접 닿지 않았지만, 보이지 않는 자기장을 통해 자석에 영향을 미치고 있다.

만일 전기장이 시간에 따라 변하면 가까이에 자기장을 발생시킨다. 반대의 경우도 마찬가지다. 이러한 연구 결과는 맥스웰의 방정식으로 정리되어 있다.

사실 맥스웰의 방정식만으로는 전하가 전자기장에 대하여 어떻게 '반응'하는지 알 수 없다. 이 반응－즉 전자기장이 전하에 가하는 힘－은 독립적인 법칙을 통해 알 수 있다. 이 법칙을 로렌츠힘이라 한다. 맥스웰의 방정식과 로렌츠힘에 의해 전기역학이 성립한다.

그림 3.1과 그림 3.3에서는 로렌츠힘이 작용하는 것을 볼 수 있다.

맥스웰은 실험 결과가 자신의 이론과 일치하는 것을 확인하고 그것을 이론적으로 정리했다. 이로써 전하나 자석이 없어도 진공 속에서 시간에 따라 변화하는 전기장과 자기장이 상호작용을 지속할 수 있다. 그러나 멈추지 못하고 정해진 속도로 달려야 한다. 맥스웰은 이 속도를 맥스웰의 방정식으로 계산할 수 있었다. 그가 얻은 결과는 전자기파의 속도가 빛의 속도와 같다는 것이었다! 결국 빛은 시간적으로 변화하는 전기장과 자기장의 파동이었던 것이다. 이 파동을 전자기파라 한다.

이것이 맥스웰의 위대한 업적이다. 전기현상과 자기현상을 통합한 이론으로 설명할 수 있었을 뿐 아니라, 빛도 전자기 현상으로 설명했다. 결국 맥스웰은 전기적·자기적·광학적인 현상을 통일적으로 설명하는 데 성공했다.

맥스웰이 얻은 또 한 가지 중요한 성과는 빛의 속도가 '그대로' 맥스웰 방정식의 자연정수로 포함되어 있다는 것이다. 전하량도 관측자에 상대하는 속도에 의존하지 않기 때문에 전기역학은 처음부터 상대성이론을 시사하고 있었다.

나아가 전기역학적인 현상은 상대성이론으로 향하는 지름길이 되었다. 자, 이제 전류가 흐르는 도선의 사고실험으로 여러분을 초대한다. 전류는 자기장을 발생시킨다. 이 사고실험이 바로 아인슈타인의 상대성이론으로 가는 출발점이었다. 상대성이론을 제안한 논문의 제목은 〈움직이는 물체의 전기역학〉이었다. 어째서 그런 제목이 붙었는지 그 이유는 곧 알게 될 것이다.

전류에 발생하는 자기장

그림 3.4는 긴 직선 도선의 일부를 나타낸 것이다. 도선은 움직이지 않는다. 도선에는 일정한 전류가 흐르고 있으며, 전자는 왼쪽에서 오른쪽으

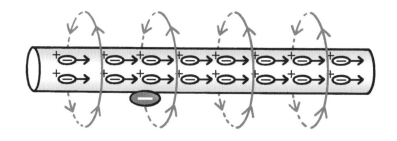

그림 3.4 도선 안에는 전자가 일정 속도로 왼쪽에서 오른쪽으로 움직이고 있다. 도선 안의 양전하와 도선 밖에 정지해 있는 파란색 음전하는 모두 그대로 정지해 있다.

로 움직인다. 이 사고실험에서 도선의 전기저항은 매우 작다고 가정한다. 예를 들면 도선을 충분히 낮은 온도로 식히면 도선의 원자는 얼어붙어 움직이는 전자를 거의 방해하지 않는다. 여기서는 전자의 운동에 전압이 그다지 필요 없다고 전제하기로 하자.

그런데 전류 속 전자가 움직이는 속도는 매우 느려서 초속 1mm의 10분의 1 미만이다.

그림 3.4에는 전자를 '마이너스 부호를 갖는 흰색 타원'으로 나타냈다. 도선의 원자 중 일부가 전자를 전류로 흘려보내고 자신은 전자 부족상태가 된다. 따라서 원자는 양전하를 띠게 된다. 원자는 검은색 플러스 기호로 나타냈다. 도선 안에서 양전하를 가진 원자는 정지해 있고, 전자는 전류로 움직인다. 도선 전체는 전기적으로 중성으로, 총 전하량은 0이다.

도선 주변에는 자기장이 발생해 있다. 도선의 주변을 둘러싸고 있는 자기장은 선으로 나타냈다. 음전하는 도선의 앞에 놓는다. 그림 3.4에서는 그 전하를 흰색 마이너스 부호를 가진 파란색 타원으로 나타냈다. 도선 전체가 전기적으로 중성이기 때문에 파란색 음전하는 곧바로 움직이지 않는다.

그러나 그림 3.5처럼 만일 도선 밖의 음전하가 오른쪽으로 움직인다면 왼손법칙에 의해 자기장은 음전하를 끌어당긴다. 실험 결과에 의하면, 이 때 발생하는 인력은 음전하의 속도에 비례한다. 또한 전류의 크기는 전자의 속도에도 비례한다. 다시 말해 만일 밖의 음전하가 전자와 같은 속도로 오른쪽으로 움직이면 도선과 음전하의 인력은 음전하 속도의 제곱에 비례한다.

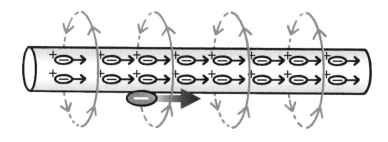

그림 3.5 파란색 음전하가 오른쪽으로 움직이고 있다. 도선의 자기장이 전하를 끌어당긴다.

1) 패러데이 역설

만약 우리가 도선 밖의 음전하나 전자와 같은 속도로 오른쪽으로 움직인다면 우리에 대하여 전자와 밖의 음전하는 정지한 것처럼 관측된다. 그러나 도선의 양전하를 갖는 원자는 같은 속도로 왼쪽으로 움직인다. 바꿔 말하면, 그림 3.6과 같이 우리에 대하여 도선 자체가 그 속도로 왼쪽으로 움직인다.

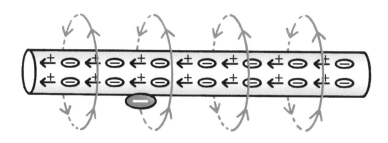

그림 3.6 이번에는 도선의 양전하가 왼쪽으로 움직인다. 우리와 밖의 음전하 모두 자기장에 대하여 멈춰 있다.

먼저 상대성이론의 제1법칙를 이용해보자. 물리법칙은 관측자에 대한 등속직선운동에 따라 달라지지 않는다. 지금 우리는 왼쪽으로 흐르고 있는 양전하의 흐름을 보고 있다. 양전하의 속도와 1m 길이에 포함된 수는 전자의 전류와 같기 때문에 도선의 양전하는 같은 세기의 자기장을 발생시킨다. 우리는 자기장에 대하여 멈춰 있고, 그림 3.5와 같은 상황이 되었다. 바꿔 말하면, 그림 3.5의 상황에서 우리는 도선과 자기장에 대하여 멈춰 있다. 그러나 그림 3.6에서는 도선에 대하여 어떤 속도로 움직여도 여전히 같은 세기의 자기장에 대하여 멈춰 있다. 자기장은 우리보다 빠를까?

이것이 패러데이 역설이다. '자기장'은 실제의 물리적인 대상일까? 자기장은 눈에 보이지 않는 것으로 우리에 대하여 언제나 정지해 있는 것 같다.

이것을 해결하기 위해 도선 밖에 있는 음전하의 영향을 알아보자.

2) 상대성이론이 해당하지 않으면 인력은 없다

먼저 다시 상대성이론의 첫 번째 전제를 이용한다. 그림 3.5에서 밖의 음전하는 자기장에 대하여 움직이고 있기 때문에 자기장은 그 음전하를 끌어당긴다. 그러나 그림 3.6에서는 밖의 음전하가 자기장에 대하여 멈춰 있기 때문에 자기장은 음전하를 끌어당기지 않는다. 아인슈타인은 〈움직이는 물체의 전기역학〉이라는 논문에서 모두가 기묘하게 생각하는 이 문제의 해결책을 제시했다.

3) 상대성이론이 해당하면 인력이 있다

상대성이론의 제2법칙에 의해 얻어지는 길이에 관한 상대성을 이용해보자. 처음의 움직이지 않는 도선의 전하는 중성이었다. 따라서 1m당 양전하를 갖는 원자와 음전하를 갖는 전자의 수는 같다. 우리가 전자와 같은 속도로 오른쪽으로 움직이면 다음과 같은 효과를 얻을 수 있다.

❶ 실험 결과에 의하면 전자와 원자의 전하는 변하지 않는다. 이것은 전기역학이 상대성이론과 일치한다는 것을 시사하고 있다.

❷ 2.4절 1)에 의하면 도선 앞에 놓인 1m 길이의 막대는 도선에 대하여 움직일 때 우리에 대하여 짧아지기 때문에 1m에 들어 있는 원자의 양전하는 증가한다.

❸ 우리가 전자와 함께 움직이기 전부터 전자 앞에서 전자와 같은 속도로 오른쪽으로 움직이는 1m 길이의 막대는 전자와 같은 속도로 움직이기 때문에 우리에 대하여 정지해 있어 길이의 변화가 없다.

그렇게 되면 도선 1m 안에 들어 있는 총 전하는 양전하가 된다. **그림 3.7**에 좀 더 이해하기 쉽게 이 효과를 강조하여 나타냈다.

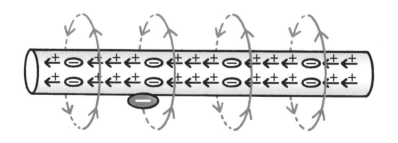

그림 3.7 이 경우 도선은 양전하를 갖는다.

물론 양전하를 갖는 도선은 밖의 음전하를 끌어당긴다. 이 인력은 양쪽 전하량에 비례한다. 2.2절에서 배운 대로 느린 속도에서의 γ 값은 1과의 차이가 속도의 제곱에 비례한다. 따라서 도선의 총 양전하도 속도의 제곱에 비례한다. 즉 도선이 밖의 음전하를 끌어당기는 것은 도선 속도의 제곱에 비례한다.

그림 3.5(p.68)에서 설명한 움직이지 않는 도선이 발생시키는 자기장의 힘을 비교해보자. 어쨌든 그것은 끌어당기는 힘으로, 힘의 세기는 속도의 제곱에 비례한다. 따라서 계산해보지 않아도 전자와 함께 움직일 때의 인력과 원자와 같이 움직일 때의 인력이 같다는 것을 추측할 수 있다.

위에서 양전하와 음전하의 인력으로 자기장의 로렌츠힘과 왼손법칙을 설명할 수 있었다. 이처럼 상대성이론을 사용하면 전기역학을 쉽게 이해할 수 있다. 자기장은 움직이는 전하가 만들어내는 힘의 장이며 움직이는 전하에 힘을 작용한다.

따라서 영구자석 안에서 빙글빙글 돌고 있는 작은 전류가 그 자석의 자기장을 발생시킨다고 추측할 수 있다.

힘을 계산하기 위한 전제로서 원자나 전자의 속도는 작다고 했지만 실제로는 그러한 가정이 필요하지 않다. 도선에 대하여 정지해 있는 관측자의 인력법칙과 도선에 대하여 도선과 평행하게 등속직선운동을 하고 있는 관측자의 인력법칙은 완전히 같다.

'패러데이 역설'을 다시 한 번 생각해보자. 그림 3.7에서 왼쪽으로 움직이는 양전하의 속도는 그림 3.5의 오른쪽으로 움직이는 음전하의 속도와 같지만, 1m당 양전하의 수는 음전하보다 많기 때문에 그림 3.7의 자기장은 그림 3.5의 자기장보다 커진다. 즉 이 둘은 같은 자기장이 아니다. 자기장과 전기장은 실제의 물리적 대상이고, 도선은 밖의 전하에 직접적으로 영향을 미치는 것이 아니라 자기장을 통해 영향을 미친다.

제3장에서는 상대성이론이 단순히 특별한 고속 우주선 같은 것을 대상으로 하는 이론이 아니라는 것을 이해했다. 상대성이론은 초속 10분의 1mm 이하의 매우 느린 물체에도 적용된다. 또 일상생활에 사용하는 전기기구도 여기에 해당하며, 자성 자체가 상대적인 효과다.

제4장

가속과 관성질량

플라톤
기원전 427~기원전 347

감각이 아닌 이성으로 본질을
파악하려 했으며, 이데아론을
주장한 고대 그리스의 철학자

아리스토텔레스
기원전 384~기원전 322

플라톤의 제자로 이데아론을
부정한 고대 그리스의 철학자

Plato·Aristotle

가속의 도입

제1장의 주제로 다시 돌아가보자. 광원이 여러 가지 속도로 움직이면서 빛을 낸다. 지금까지는 광원이나 관측자가 등속직선운동을 하는 경우를 다뤘다. 관성운동, 즉 등속직선운동을 하는 경우의 상대성이론을 특수 상대성이론이라 한다.

그러나 어떤 속도에 도달하기 위해서는 원래 속도의 크기나 방향을 바꾸지 않으면 안 된다. 즉 가속해야 한다. 우리의 질문은 다음과 같다.

"물체의 가속이 시간과 길이, 질량, 에너지에 어떻게 영향을 미치는가?"

이에 대한 생각이 결과적으로 중력의 메커니즘을 이해하는 열쇠가 된다.

회전운동: 쌍둥이 역설 1

먼저 가장 간단한 상태에 대하여 알아보자. 그림 4.1과 같은 도넛 형태의 회전판을 타면 지상에 대한 속도를 바꿔도 속도의 크기는 변하지 않는다.

우리는 회전판에 오른다. 회전판의 회전이 우리를 계속 중심에서 밖으로 끌어당긴다. 또한 지상에 대한 우리의 속도를 끊임없이 바꾸고 있다. 즉 속도의 방향을 바꾼다. 달리 말하면, 가속하고 있다. 물체는 가속에 저항하기 때문에 우리는 자신의 관성질량을 느낄 수 있다. 손을 놓으면 즉시 날아가 버린다. 왜냐하면 우리의 관성질량은 등속직선운동을 하려고 하기 때문이다. 손을 놓은 순간 관성운동 상태로 변화한다.

만일 도넛 모양의 회전판의 중심에 앉으면 어떻게 될까? 도넛 모양의 회전판 중심은 회전하지 않는다. 가속하지도 않는다. 즉 '관성운동 상태'에 있다. 그 상태에서는 시간이 일정하게 흐른다. 회전판 가장자리에 올라탄 친구는 어떤 속도로 우리에 대하여 움직이는 것처럼 보인다. 아주 짧은 시간

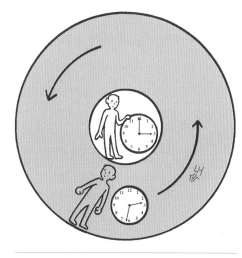

그림 4.1 회전판 위에서 시간을 측정한다.

만 보면 그 친구는 거의 등속직선운동을 하고 있다. 그 같은 상태에서 이동하는 시계에 대한 지식을 이용해보자. 회전판 가장자리에 놓인 시계는 느리게 진행한다. 구체적으로 말하면, 수식 2.3(p.42)의 γ 값에 비례하여 느려진다.

가장자리에 놓인 시계는 우리에게서 멀어지지 않기 때문에 우리는 오랜 시간 동안 가장자리에 놓인 시계가 점차 느려지는 것을 관찰할 수 있다. 이 효과가 기묘한 사고실험의 출발점이 된다. 그렇다면 양쪽의 관측자를 일란성 쌍둥이라 생각해보자.

처음에는 양쪽 모두 회전판 중심에 멈춰 있다. 그 뒤 한 사람이 회전판에 올라타 가장자리에 앉는다. 그리고 나서 임의의 긴 시간이 흐른 뒤에 중심으로 다시 돌아온다. 분명히 회전판을 탈 때도 내렸다가 다시 탈 때도 들고 있는 시계는 어떤 영향을 받지만, 그동안에 회전판 가장자리의 운동 상태에는 영향을 주지 않는다고 가정하자. 임의의 긴 시간 동안 회전판을 탄다. 그사이에 회전판 가장자리로 간 쌍둥이가 들고 있는 시계는 중심에 있는 다른 쌍둥이의 시계에 비해 계속 느리게 간다. 결국 오랜 시간이 지난 뒤에 다시 중심으로 돌아오면 회전판 가장자리에 있던 쌍둥이가 계속 중심에 있던 쌍둥이보다 젊어져 있다.

이것이 유명한 '쌍둥이 역설' 또는 '시계 역설'이다. 실제로는 역설이 아니라 현실적인 효과다.

회전운동: 유클리드 기하학은 아니다

다음의 사고실험에서는 회전판 가장자리에 탄 친구가 막대 길이에 대한 영향을 확인하려고 한다. 중심에 정지해 있는 우리가 충분히 짧은 막대를 여러 개 만들어 친구에게 건넨다. 매우 짧은 막대이기 때문에 회전판 가장자리를 연결하듯 가지런히 놓으면 충분히 원주의 길이를 정확하게 잴 수 있다.

2.4절 2)에서 설명한 것처럼 속도에 수직인 길이는 변하지 않는다. 따라서 회전판이 회전하든 회전하지 않든 우리와 친구는 회전판의 지름을 같은 값으로 관측한다.

이번에는 친구가 그림 4.2처럼 원주를 측정한다. 그림 4.2의 오른쪽 그림처럼 원주의 충분히 짧은 부분은 거의 직선으로 생각할 수 있다. 따라서 매우 짧은 막대를 사용하면 원주의 길이를 측정할 수 있다.

그림 4.2 회전판 위에서 길이를 측정한다. 오른쪽 그림에서 원주의 충분히 짧은 부분은 거의 직선이다.

먼저, 회전판이 회전하지 않는 상태에 대하여 생각해보자. 친구는 **그림 4.2**의 오른쪽 그림에 그려진 발아래 놓인 막대와 평행하게 빛을 쏜다. 그 광선은 발아래에 놓인 막대를 아주 짧은 시간 동안에 광속 c로 통과한다. 이때 빛의 속도는 **막대의 길이÷막대를 통과하는 데 걸리는 짧은 시간**이다. 따라서 막대의 길이는 $c \times$**짧은 시간**이다. 친구는 그 짧은 시간을 자신이 들고 있는 시계로 측정하여 이를 바탕으로 막대의 길이를 알아낸다. 원주를 충족시키기 위하여 몇 개의 막대가 있어야 하는지 이미 알고 있어서 친구는 학교에서 배운 기하학 정리인 **원주의 길이＝원의 지름×π**가 적용된다는 것을 확인했다.

다음으로는 회전하는 회전판을 생각해보자. 빛은 속도의 방향으로 이동하기 때문에 짧은 시간 동안에 막대와 평행한다. 막대를 지나는 짧은 시간 동안에 친구는 거의 등속직선운동을 하고 있고, 빛의 속도는 절대적인 상수이기에 빛은 변함없이 광속 c로 막대를 통과한다. 친구는 자신이 들고 있는 시계로 앞과 같이 '짧은 시간'을 기다렸지만, 빛은 막대의 일부만을 통과했다.

왜 그런 것일까? 회전하는 친구의 시간은 중심에 멈춰 있는 우리보다 느리기 때문에 친구의 '짧은 시간'은 회전하지 않는 상태보다 회전속도의 γ값에 비례하여 짧아졌다. 따라서 빛이 줄어든 짧은 시간 동안에 막대 전체를 통과할 수 없다. 바꿔 말하면, 막대 자체가 '길어졌다'.

그러나 회전판의 원주는 여전히 같은 수의 막대로 채워져 있기 때문에 **회전판의 원주÷지름**은 π보다 커졌다! 정확히 말하면, π보다 $\frac{1}{\gamma}$배 커졌다. 친구는 원주 위의 막대를 γ값에 비례하여 줄어들게 한다. 그러면 원주를 채우는 데 더 많은 수의 막대가 필요하다.

그림 4.3에서는 그 효과를 강조하여 나타냈다.

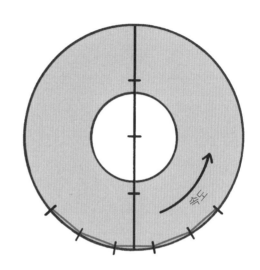

그림 4.3 원주가 지름×π보다 길어진다.

앞장에서는 물체가 등속직선운동으로 움직이고 있어서 시간이나 길이가 변화해도 학교에서 배운 기하학, 즉 유클리드 기하학을 사용할 수 있었다. 예컨대 2.2절에서는 γ값을 계산하기 위해 피타고라스의 정리를 사용했다. 피타고라스의 정리는 유클리드 기하학의 정리 중 하나다. 이 기하학 정리는 서로 의존하는 이론체계다. 만일 하나의 정리가 옳지 않다면 다른 정리도 의미가 없어진다. 그 정리 중 하나가 원주의 길이＝원의 지름×π라는 원리다. 회전하는 회전판의 경우 회전판의 원주는 원의 지름×π보다 길다. 다시 말해 가속하고 있는 대상에는 유클리드 기하학이 적용되지 않는다.

4·3 직선운동

　가속하고 있는 상태에서는 회전운동의 경우뿐만 아니라 직선운동을 하고 있을 때에도 기묘한 일이 많이 일어난다. 예를 들면 **그림 4.4**에서는 투명한 엘리베이터와 그 왼쪽에 발광기가 놓여 있다. 위를 가리키는 화살표는 위로 향해 가속되고 있다는 것을 나타낸다. 우리는 밖에 서서 엘리베이터가 지나가는 것을 보고 있다. 그때 우리 옆에 놓여 있던 발광기가 빛을 발사한다.

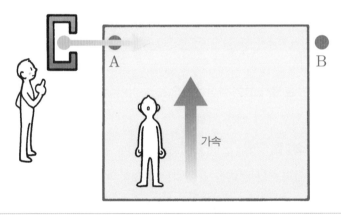

그림 4.4 밖에 있는 우리는 엘리베이터가 통과할 때 옆에 놓인 발광기로 빛을 발사한다.

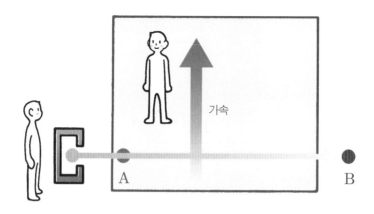

그림 4.5 관성운동 상태로 밖에 서 있는 우리에 대하여 빛은 직선을 따라 나아간다.

그림 4.5에서는 빛이 엘리베이터의 투명한 벽을 통과하여 점 A에서 수평 방향의 직선을 따라 점 B로 움직였다. 빛보다 빠른 운동은 없기 때문에 밖에 있는 우리에 대하여 그것이 A와 B 사이의 가장 빠른 운동이다.

위로 가속하는 엘리베이터에 타고 있는 친구에게는 어떻게 보일까? 그림 4.6은 빛이 엘리베이터 안을 통과하여 발광기 반대편 벽으로 나온 순간을 나타낸 것이다. 빛이 먼저 왼쪽 벽의 점 A를 지났다. 엘리베이터의 속도는 점차 빨라지기 때문에 가속하고 있는 친구에 대하여 빛은 아래로 휘어서 나아간다. 친구가 보았을 때 빛은 왼쪽 벽 점 A의 위치보다 훨씬 아래에 위치한 오른쪽 벽으로 나와 점 B로 향한다.

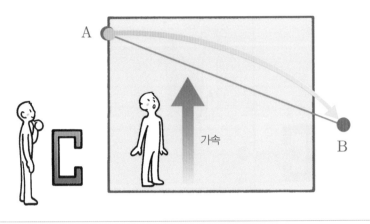

그림 4.6 가속하는 엘리베이터 안에 있는 관측자에 대하여 빛이 휜다.

뒤쪽 벽에 점 A와 B 사이를 잇는 회색 직선을 그렸다. 이 직선은 빛이 지나간 곡선보다 짧지 않을까? 만약 그렇다면 이 직선을 따라 다른 물체를 '빛보다 빨리' 보낼 수 있지 않을까?

그러나 이 질문은 틀렸다. 이 직선은 엘리베이터가 가속하기 전에 그려진 선이다. 그때는 시간이 일정하게 흐르고 있었다. 엘리베이터가 가속하면 엘리베이터 안의 시간은 점차 외부의 시간에 대하여 느려진다. 속도의 방향에 대하여 평행한 길이는 줄어드는 반면, 속도의 방향에 대하여 수직인 길이는 변하지 않기 때문에 직선은 휘어버린다. 게다가 측정하면서 시간과 길이가 변하기 때문에 순간순간 선의 길이를 측정할 수 없다. 친구와 빛 그리고 우리는 '공간' 안에서만이 아니라 시공 안에 존재한다.

결론적으로 만일 시간이나 길이의 물리적인 대상을 측정하고 싶다면 관성운동 상태가 가장 편리하다. 시간의 진행이나 길이가 끊임없이 변화할 가능성 등 성가신 일이 거의 없다. 한편 가속 상태에서는 유클리드 기하학을 적용할 수 없어서 다루기 어렵다.

4.4 고유시간과 관성: 쌍둥이 역설 2

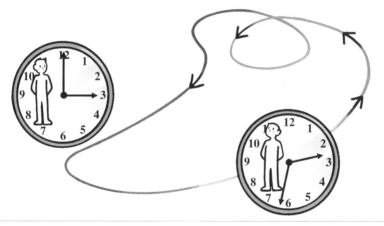

그림 4.7 계속 같은 관성운동 상태에 머물러 있는 쌍둥이의 시간이 가장 빠르게 흐른다.

4.1절(p.75~76)에서 살펴보았듯이 빙글빙글 돌고 있는 쌍둥이가 들고 있는 시계는 중심에 정지해 있는 쌍둥이가 가진 시계에 대하여 느려진다. 이처럼 사람마다 각기 다르게 진행되는 시간을 고유시간이라고 한다. 바꿔 말하면, 회전판 중심에 멈춰 있는 쌍둥이의 고유시간은 회전판 가장자리에 탄 쌍둥이의 고유시간보다 빠르게 흐른다.

이번에는 이 사고실험을 다른 조건으로 다시 한 번 해보자. 어느 장소에 쌍둥이가 가속하지 않고 함께 멈춰 있다. 그들의 고유시간은 일정하게 흐르고 있다.

먼저 함께 있던 쌍둥이 중 오른쪽에 있던 쌍둥이가 그 장소를 떠난다. 그 쌍둥이는 장소뿐 아니라 처음의 관성운동 상태에서도 벗어나지 않으면 안 된다. 그곳에서 멀어지기 위해서는 속도를 변화시켜야 한다. **그림 4.7** 같은 진로를 거쳐 왼쪽 쌍둥이가 있는 장소로 되돌아와 들고 있던 시계를 서로 비교해보면 오른쪽 쌍둥이가 갖고 있던 시계가 왼쪽 쌍둥이의 시계에 비하여 느려져 있다. 이 사고실험을 다른 각도에서 살펴보자.

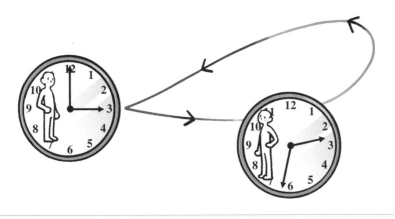

그림 4.8 어떤 진로를 거쳐도 여행을 떠났다가 돌아온 쌍둥이의 시계가 느렸다.

그림 4.8에서는 오른쪽에 있던 쌍둥이가 처음에 어떤 속도까지 가속한 뒤, 그 속도로 긴 거리를 직선운동을 하고 있다. 즉 관성운동 상태로 움직이고 있다. 그리고 완만하게 방향을 전환하여 돌아오는 길에도 거의 관성

운동 상태로 왼쪽 쌍둥이가 있는 근처까지 와서 감속하고 멈춘다. 가는 길과 돌아오는 길이 길어짐에 따라 그사이에 오른쪽 쌍둥이가 들고 있는 시계는 느려진다. 다시 말해 처음의 가속과 마지막 감속 그리고 도중의 방향전환의 영향은 비교적 작다. 어쩌면 긴 관성운동 상태인 동안에도 오른쪽 쌍둥이의 시계는 느려진 것이 아닐까?

당연히 오른쪽 쌍둥이는 이렇게 주장한다. "내게 대하여 나의 형제가 왼쪽으로 출발했다. 나는 오랫동안 관성운동 상태로 있었다. 그사이 내 형제가 내가 있는 곳에서 등속직선운동으로 멀어져갔다. 그동안 내게 대하여 형제의 시계는 점차 느려진 것이다."

여기서 다시 시계 역설과 쌍둥이 역설이 등장한다.

그런데 오른쪽 쌍둥이가 간과한 점이 있다. 여행을 갔다가 돌아온 쌍둥이가 돌아와 멈춘 뒤에야 비로소 시계를 비교할 수 있다. 여행 중에 '느려진 시계'에 대한 이야기는 무의미하다. 이것이 오른쪽 쌍둥이의 주장에 오류를 초래했다. 원래 질문의 취지는 다음과 같다.

"오른쪽 쌍둥이가 여행을 떠난 뒤 각각의 쌍둥이가 들고 있는 시계는 어떤 시각을 나타내고 있는가?"

자, 오른쪽과 왼쪽 쌍둥이에게는 한 가지 큰 차이가 있었다. 오른쪽 쌍둥이는 원래의 장소로 돌아가기 위하여 관성운동 상태에서 벗어나 속도를 변화시켰지만, 왼쪽 쌍둥이는 처음부터 관성운동 상태에 머물러 있었다.

거꾸로 말하면, 관성운동 상태 속에 머물러 있을 때 우리의 고유시간은 가장 빠르게 진행한다. 정리하면 다음과 같다.

물체는 그대로 계속 움직이려고 하기 때문에
관성운동 상태에서는 시간이 빠르게 흐른다.
따라서 가장 긴 고유시간이 흐른 것으로 관측된다.

제 5 장

관성과 중력

요하네스 케플러
1571~1630
행성운동법칙을 발견한 독일의 천문학자

Johannes Kepler

 ## 관성과 무게의 관계

　물체는 관성을 가지고 있기 때문에 우주 같은 진공 속에서도 가해지는 힘에 저항한다. 그러나 상식적으로 생각하면 지구처럼 거대한 질량 부근에서 물체는 그 거대질량에 의해 가속된다. 이 간단한 관측에서 가속을 보다 쉽게 이해할 수 있다. 게다가 중력에 대한 간단한 이론도 만들 수 있다.

　중력은 일상생활에서는 친숙한 현상이다. 우리는 계단을 오르내리거나 물건을 떨어뜨릴 때 매일 같이 중력을 느낀다. 그러나 특별할 것 없어 보이는 중력은 우주에서 가장 신비로운 현상이다. 중력을 알기 위해서는 공기저항의 영향을 받지 않는 환경이 필요하다. 다음의 사고실험은 고등학교에서 실제로 자주 행해지는 실험이다.

　깃털과 쇠공을 함께 유리용기에 넣는다. 그런 다음 유리용기의 양쪽을 뚜껑으로 막는다. 한쪽 뚜껑에 가는 파이프를 넣고 진공펌프와 연결하여 유리용기 안의 공기를 모두 빼낸 뒤에 다시 뚜껑을 덮는다. 그리고 진공 상태인 유리용기를 손에 들고 재빨리 거꾸로 뒤집는다. 그러면 **그림 5.1** 처럼 보인다.

쇠공과 깃털은 같은 속도로 떨어졌다. 지구상에서 생활하고 있는 우리가 이 같은 결과를 얻기 위해서는 공기를 없애지 않으면 안 되지만, 아폴로 15호를 타고 달에 착륙한 데이비드 스콧 우주비행사는 직접 이 실험을 실시하였다. 왼손에 든 깃털과 오른손에 든 망치를 동시에 떨어뜨리자 양쪽이 동시에 달 표면에 닿았다. 인터넷에서 'hammer feather Apollo' 를 검색하면 당시 TV로 중계되었던 기록영상을 볼 수 있다.

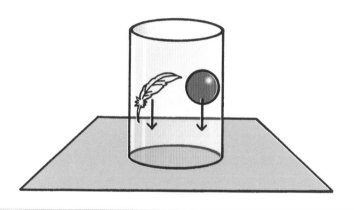

그림 5.1 진공 유리용기 안에서는 깃털과 쇠공이 같은 속도로 떨어진다.

과거 100년 동안 물리학자들은 실험의 정밀도를 높이면서 반복해 실시했다. 양성자를 포함한 여러 가지 물체로 시도해보았지만 결과는 늘 같았다.

모든 물체는 중력에 의해 똑같이 가속된다.

이것을 의외라 생각하는 사람도 많을 것이다. 이러한 실험 결과로 관성과 중력에는 어떤 관계가 있음을 알 수 있다. 여기서 다시 한 번 중력과 관성을 비교해보자. 1kg인 돌의 관성질량은 **그림 1.10**(p.25)처럼 스케이트장에서 돌을 밀면서 측정할 수 있다. 이것은 중력과는 전혀 관계가 없다. 지구에서 멀리 떨어진 우주의 진공에서도 kg의 돌은 가속에 저항한다.

먼저 돌의 무게를 측정한다. '1kg'이라 표기할 수 있지만, 이번에는 돌의 무게, 즉 중력질량이다. 돌과 저울은 바닥이나 지면에 눌려 움직이지 않지만, 돌 자체는 가속에 저항하지 않고 오히려 지구의 중심을 향하여 떨어지려고(가속하려고) 한다.

중요한 것은 만일 어떤 물체의 관성질량을 스케이트장에서 1kg이라 확인하고, 또 다른 물체를 2kg의 관성질량이라 확인한 뒤에 양쪽의 무게를 측정하면 각 물체의 무게는 첫 번째가 1kg, 두 번째가 2kg으로 관성질량과 중력질량은 완전히 같다. 즉 관성질량과 중력질량은 늘 '1:1'이다. 만일 관성질량이 1kg과 2kg인데, 첫 번째 물체의 무게가 1kg이고 두 번째 물체의 무게가 3kg으로 관성질량과 중력질량이 같지 않으면 앞의 진공 유리용기 실험을 하면 두 번째 물체가 빨리 떨어질 것이다. 그러나 아무도 그 같은 실험 결과를 관측한 적이 없다.

관성질량과 중력질량은 모든 물체에서 똑같다.

중력은 힘이 아니다

깃털과 쇠공이 떨어질 때 정확히 무슨 일이 일어나는 것일까? 쇠공의 입장에서 보면 무게 때문에 아래로 가속하려고 한다. 동시에 같은 크기의 관성질량이 그 가속에 저항한다. 즉 무게와 관성질량이 완전히 같기 때문에 쇠공은 '일정하게 운동하는 상태'에 있게 된다. 쇠공은 자유낙하의 상태, 즉 관성운동 상태에 있다.

그러나 지면에 서 있는 관측자는 쇠공 입장에서 관측한 이런 사실에 반대하고 싶을지 모른다. "우리는 쇠공이 지면을 향해 가속하여 떨어지는 것을 두 눈으로 똑똑히 보았다!" 그러나 우리의 이 같은 반대의견은 틀렸다. 우리는 쇠공이 떨어지는 것과 반대쪽, 즉 위를 향하여 가속하고 있어도 같은 것을 관측할 수 있다. 우리가 위로 계속 가속하고 있어도 항상 무게, 즉 체중을 느낀다. 우리가 땅 위에 서 있는 것도 사실 가속상태와 같은 상태인 것이다. 제4장에서 살펴본 바와 같이 우리의 일상생활에서 당연하다고 생각했던 일이 사실은 그렇지 않을 가능성이 크다.

물리실험의 결과를 바르게 이해하기 위해 관측자는 관성운동 상태에 있는 것이 좋다. 4.3절(p.80~82)에서 설명했듯이 관성운동 상태라는 것은 다루기 쉽고 편리했다. 여기서 몇 가지 사고실험을 해보자. 이번의 사고실험에서는 아인슈타인이 생각한 사고실험과 거의 똑같이 엘리베이터를 사용한다. 그림 5.2를 보자.

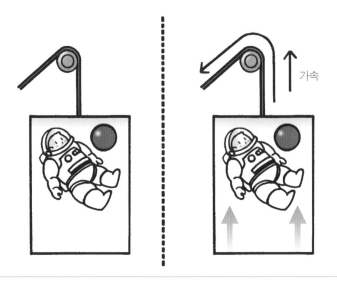

그림 5.2 갑자기 무엇인가가 엘리베이터를 끌어당겼다.

왼쪽 그림에는 행성이나 별 같은 거대한 질량을 가진 물체에서 멀리 떨어진 곳에 표류하는 엘리베이터를 나타냈다. 엘리베이터 안은 진공이고, 그 안에 있는 우주비행사는 우주복을 입고 있다. 우주비행사도 표류하고 있다. 그런데 갑자기 무엇인가가 엘리베이터를 위로 잡아당겼다. 오른쪽 그림은 그 모습을 나타낸 것이다. 우주비행사에게는 엘리베이터의 바닥이 자신에 대하여 가속해오는 것이 보인다. 그러나 우주비행사 자신도, 옆에 있는 공도 그대로 '표류'하고 있어서 어떤 힘도 받지 않는 관성운동 상태다. 우주비행사는 가속의 원인을 '무엇인가가 엘리베이터를 잡아당기고 있기 때문'이라고 생각했을 것이다.

그런데 전혀 다른 상황에서도 이 같은 결과를 관측할 수 있다. 그림 5.3과 같이 아무것도 엘리베이터를 잡아당기지 않지만, 갑자기 행성이 엘리베이터 아래에 나타났다. 그래도 관성질량과 무게는 각각 완전히 같기 때문에 우주비행사는 가속하지 않고, 옆에 놓인 공도 우주비행사에 대하여 움직이지 않는다. 우주비행사도 공도 표류하는 채로, 우주비행사는 엘리베이터의 바닥이 자신을 향해 가속해오는 것을 본다. 그러나 행성 표면에 서 있는 관측자는 우주비행사와 공이 아래로 떨어지는 것을 본다.

엘리베이터 안에서만 가속을 관측하는 우주비행사는 자신이 정확히 어떤 상태에 있는지 판단할 수 없다. 자신이 어떤 상태에 있는지를 알기 위해서는 엘리베이터 밖에서 보아야 한다.

이것이 유명한 아인슈타인의 '등가원리'다.

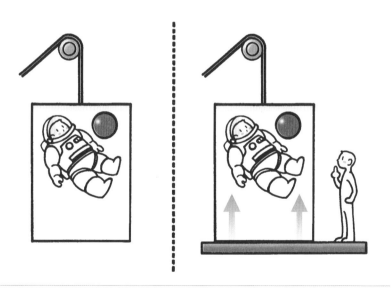

그림 5.3 갑자기 엘리베이터 아래에 행성이 나타났다.

중력을 이해하는 데 등가원리는 매우 도움이 된다. 자유낙하하고 있는 물체는 관성운동 상태이기 때문에 고유시간은 일정하게 흐른다. 제1장에서 제3장까지의 관성운동 상태에 관한 지식을 이용하여 이와 같은 중력의 작용을 알아볼 수 있다. 등가원리는 관성과 중력을 관련짓고 있다.

여기서 4.1절의 회전판에 대하여 다시 생각해보자. 회전판에 타고 있는 사람에게는 유클리드 기하학이 적용되지 않아 시계도 밖에서 정지해 있는 사람에 대하여 느리다.

회전판에 타고 있는 사람은 늘 중심을 향해 가속해야 했다. 그 상태를 이번에는 지구의 지면에 정지해 있는 사람에게 적용해보자. 지면에 정지해 있는 우리는 항상 '위', 즉 지구의 중심과 반대쪽으로 가속하고 있다. 따라서 우리에 대하여 유클리드 기하학은 적용되지 않고, 지면에 놓여 있는 시계도 지구에서 충분히 멀리 떨어져 있는 곳에 정지해 있는 시계에 비해 점차 느려진다.

5.2 중력이 시공간을 굴절시킨다

엔진을 끈 로켓이 지구 주위를 돌고 있다고 상상해보자. 로켓은 자유낙하하고 있다. 그러나 아래 **그림 5.4**와 같이 지구에 추락하지 않는다. 우리는 그것을 지구에서 멀리 떨어진 곳에 있고, 관성운동 상태로 본다. 등가원리에 의하면, 로켓도 우리도 관성운동 상태에 있다. 그러나 로켓은 점선으로 나타낸 직선처럼 움직이지는 않는다. 대체 무엇이 지구 주위로 둥글게 그려진 실선을 따라 로켓이 돌게 만드는 것일까?

그림 5.4 로켓이 지구를 돌면서 자유낙하하고 있다.

1) 곡면

이 문제를 해결하기 위해 먼저 다음의 예를 생각해보자. 행성이나 별에서 충분히 떨어진 공간에 2개의 점 A와 B가 있다. 이 두 점을 연결하는 가장 짧은 선을 생각해보자. 당연히 두 점 사이를 잇는 직선이다. 이 선은 어떻게 그을 수 있을까? 점 A를 출발해 점 B를 향해 곧장 나아가자.

자, 이제 2개의 점을 지구상의 어떤 지점으로 생각해보자. 2개의 점 A와 B는 태평양의 적도 위에 있고, A는 B의 서쪽에 있다. 아래 **그림 5.5**와 같이 두 점 사이의 가장 짧은 루트, 즉 가장 짧은 길을 생각해보자. 역시 가장 짧은 길은 A와 B를 잇는 직선의 터널이다.

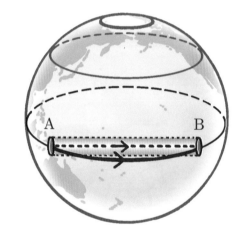

그림 5.5 곡면 위에 있는 두 점 사이의 가장 짧은 거리는 당연히 휘어있다.

그러나 구멍을 파는 일이 용납되지 않는다면, 지면의 적도 위에 있는 굵은 실선이 가장 짧은 길이다. 그 선은 '휘어 있다'. 어떻게 그 길을 갈 수 있을까? 점 A에서 출발하여 동쪽으로 곧장 나아가자.

매우 짧은 거리에서 지면은 평면과 같다. 따라서 지극히 짧은 거리에서 지면 위를 '곧장' 나아가는 것은 '직선'을 따라가는 것을 의미한다. 다시 말해 곡면 위의 가장 짧은 거리는 직선이 아니라 가장 곧게 뻗은 길이다.

이와 같이 가장 짧은 길은 당연히 가장 곧은 길이다. 단, 거꾸로 생각했을 경우에는 가장 곧은 길이 충분히 짧은 점을 잇는 경우에만 곡면상의 가장 짧은 길이라 할 수 있다. 예컨대 아래 그림 5.6과 같이 점 A에서 출발하여 '서쪽'으로 적도 위를 '곧장' 굵은 선처럼 나아가자. 가장 짧은 거리는 거의 '직선'이다. 따라서 점 A와 점 C 사이에서는 굵은 선이 가장 짧은 길이 된다. 예컨대 그림 5.7의 붉은색 길보다 짧다. 마찬가지로 점 C와 점 D 사이, 또는 점 D와 종점 B 사이에서는 굵은 선이 가장 짧은 길이 된다. 따라서 점 A에서 점 B를 향해 '서쪽으로 돌아가는' 길에서 가장 곧은 길은 굵은 선이지만, 모든 길을 비교 대상으로 한다면 예컨대 그림 5.5에서 선택한 길보다 길어진다. 시공 속에서 그 같은 궤도는 6.2절에서 소개할 예정이다.

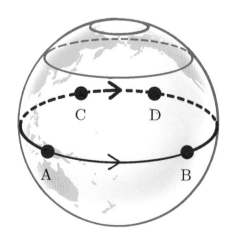

그림 5.6 곡면상에서 가장 곧은 길은 '가장 짧은 길이 아닐' 가능성도 있다.

곡면상의 가장 곧은 길은 평면상의 직선과 유사한데, 그것을 측지선이라 한다. 참고로 지구의 표면을 계측하는 학문을 '측지학'이라 한다.

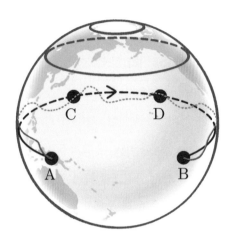

그림 5.7 가장 곧은 길은 근처를 지나는 길과 비교하여 가장 짧은 길이다. 여기서 '근처'를 지나는 길이란 빈번히 교차하여 본래의 길을 가로지르는 길을 가리킨다.

2) 휘어진 시공간

앞의 로켓에 적용하여 생각해보자. 그림 5.4(p.95)를 다시 살펴보자. 마찬가지로 자유낙하하고 있는 로켓도 짧은 거리에서는 거의 직선을 따라 일정한 속도로 움직인다. 조금 긴 거리에서 생각하면, 그림처럼 궤도가 휘거나 속도가 변할 가능성이 있다. 그러나 그림처럼 A와 B를 잇는 실선, 즉 로켓이 통과하는 궤도는 일반적으로 생각할 때 가장 곧은 경로가 아니다. 대체 중력은 무엇을 휘게 하는 것일까?

> 중력은 공간뿐 아니라 시간과 공간, 즉 시공간을 휘게 한다.

그렇다면 시공간은 어떻게 휘는 걸까?

우리가 가속하지 않는 상태에서 한 장소에 계속 정지해 있다고 가정하자. 4.4절에서는 처음에 다른 사람이 우리와 함께 정지해 있다가 조금 멀어졌다가 돌아와 다시 우리와 함께 멈춰서면, 그 사람의 시계는 우리의 시계보다 느려져 있었다고 설명했다.

그렇다면 여기서 등가원리를 적용해보자. 만일 우리가 그림 5.4의 로켓에 탔다면, 지구에서 훨씬 먼 곳에서 거의 정지해 있는 관측자에게는 우리가 점 A에서 점 B로 움직이는 것이 보인다. 그러나 우리도 로켓도 아무런 힘도 받지 않고 움직이고 있기 때문에 '우리는 정지해 있다'고 할 수 있다. 다시 말해 만일 처음 로켓에 놓여 있던 시계가 점 A에서 로켓에서 떨어져 나와 근처의 다른 궤도를 지나고, 다시 점 B에서 로켓으로 돌아오면 이 시계는 우리가 들고 있는 시계보다 느려져 있다. 반대로, 우리가 관성운동 상태에서 벗어나 점 A에서 그 점선의 직선을 따라 나아가고, 앞에서 달리 움직였던 시계가 실선을 따라 자유낙하하여 점 B에서 다시 함께 본래의 궤도를 나아가면 우리의 시계는 자유낙하한 시계보다 느려져 있다.

그렇다면, 시공 속에서 '근처'를 지나는 궤도란 무엇을 말하는 것일까? 확실히 그 궤도는 본래의 궤도를 빈번히 교차하여 본래의 궤도 주위를 이리저리 오간다. 만일 우리가 본래의 궤도를 따라 이동하고 친구가 '근처' 궤도를 이동하면, 친구는 빈번히 우리에 대하여 일시적으로 멈추거나 그 뒤에 다시 출발한다. 이 책에서는 그 같은 궤도를 시공간에서 가까운 궤도라 하기로 한다.

시공간의 '길이'로는 '고유시간'을 사용할 수 있다. 시공간에서 가장 곧은 길은 똑같은 초기 속도와 도착 속도로 지날 때 '시공간에서 가까운' 궤도에 비해 고유시간이 가장 빨리 흐르는 길이다.

만일 우리가 가장 곧은 궤도를 따라 자유낙하하고 있을 때 함께 있던 친구가 우리에게서 멀어져 배회하듯이 다른 궤도를 따라 이쪽저쪽으로 움직이다가 다시 우리 곁으로 돌아오면, 우리의 고유시간이 친구의 고유시간보다 '느리게' 흐를 가능성은 있을까?

만일 친구가 '시공간에서 가까운 궤도'가 아니라 완전히 다른 궤도를 밟는다면 그럴 가능성도 있다. 6.2절에서 그 실례를 소개한다.

이처럼 시간과 공간이 뒤얽혀 시공간을 구성하고 있다. 점 A와 점 B 사이의 가장 곧은 길은 그저 공간에 있는 선을 긋는다는 의미가 아니다. 적어도 점 A에서 초속을 결정하고 점 A와 점 B 사이를 자유낙하하면서 움직임으로써 가장 곧은 길을 구할 수 있다. 따라서 그 '길이'는 초속에도 의존한다.

충분히 작고, 충분히 가벼운 물체는 같은 환경 속에서는 똑같이 자유낙하한다. 가장 곧은 길을 발견하기 위한 보다 적합한 조건으로 충분히 가벼운 질량을 사용하자. 질량 자체의 중력이 충분히 작기 때문에 다른 자유낙하하는 질량에 거의 영향을 주지 않는다. 이 책에서는 그 같은 질량을 시험질량, 시험질량을 가진 물체를 시험물체라 하자. 다음 절에서는 시험질량이 중력에 의해 서로 움직이고 시공이 휘어지는 것을 시각화할 수 있는 예를 소개한다.

정리해보자.

중력은 시공간을 휘게 한다.

어떤 초속을 갖는 시험질량이 두 점 사이에서 자유낙하할 때 걸리는 고유시간은 시공간에서 가까운 다른 경로의 고유시간과 비교하여 가장 길게 걸리는 시간이고, 다시 말해 고유시간이 가장 빨리 흐르는 시간이다. 때문에 가장 곧은 길이 시공간의 측지선이다.

시공간의 곡률 계산

5.1절(p.91~94)에서 설명했듯이 우주비행사는 중력이 어떤 영향을 미치는지를 이해하기 위해 자신이 탄 엘리베이터 밖을 보지 않으면 안 된다. 그러나 그림 5.8의 왼쪽 그림처럼 충분한 크기의 우주선을 사용해도 좋다. 이 우주선은 지구의 중심을 향해 자유낙하하고 있다.

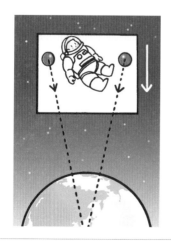

그림 5.8 충분히 큰 우주선 안에서 자유낙하하고 있는 공이 서로 다가온다.

우주선 안은 진공이고, 우주복을 입은 우주비행사의 오른쪽과 왼쪽에 떠 있는 공은 지구의 중심을 향해 자유낙하하면서 서로 다가온다. 그림 5.8의 오른쪽 그림에서는 우주비행사가 공이 다가오는 모습을 지켜보고 있다.

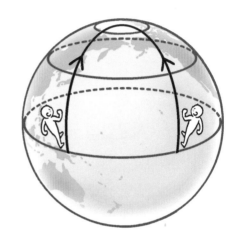

그림 5.9 지면 위에서는 적도에서 북쪽을 향해 평행하게 움직이면 서로에게 다가갈 수 있다.

자, 여기서 다시 구면 위의 직선운동에 대해 생각해보자. 다음의 예에서 지구 위를 걷는 사람은 2차원적인 상황에 있다. 위의 그림 5.9에서는 적도의 전혀 다른 장소에서 출발한 두 사람은 모두 곧장 북쪽으로 향한다. 그들은 서로 평행하게 움직여도 점차 가까워져 결국은 북극에서 만난다. 2차원적으로는 평행하게 북쪽으로 움직여도 3차원 구체 위에서 운동하고 있는 두 사람은 자신도 모르는 사이에 서로에게 점차 가까워진다.

그림 5.10 북극에서 적도로 향해 남쪽으로 평행하게 움직이면 두 사람은 서로 멀어진다. 구면 위에서는 같은 방향으로 평행하게 움직이면 서로 가까워지거나 멀어진다.

  이 예에는 조금 깊은 의미가 있다. 그림 5.10에서 두 사람은 거꾸로 북극에서 적도로 향한다. 이 경우, 서로 평행하게 '남쪽으로' 가도 멀어진다. 이와 같은 일은 앞의 우주선에도 그대로 적용된다. 그림 5.11의 왼쪽 그림에서는 2개의 공을 위아래로 겹쳐놓았다. 위의 공은 아래의 공보다 지구의 중심에서 먼 곳에 있기 때문에 상대적으로 조금 작은 중력이 작용한다.

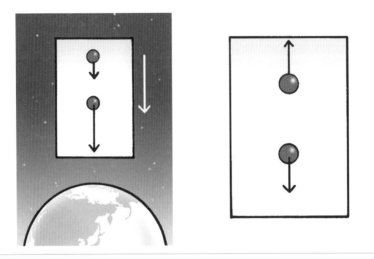

그림 5.11 자유낙하하고 있는 충분히 큰 우주선 안의 겹쳐놓은 공은 서로 멀어진다.

만약 우리가 우주선 안에 있으면 위쪽 공과 아래쪽 공이 서로 멀어져 가는 것을 관찰할 수 있다.

좀 더 자세히 알아보기 위해 우주선의 공 개수를 늘려보자. 네모난 상자를 상상하고 그 구석에 시험질량을 가진 공을 놓아두자. 네모난 상자의 전면은 **그림 5.12**의 왼쪽 그림에 옅은 회색의 직사각형으로 나타냈다. 그림으로 양쪽의 결과를 확인할 수 있다. 오른쪽과 왼쪽 공은 서로 다가가고, 위와 아래의 공은 서로 멀어진다. 바꿔 말하면, 공이 있는 장소를 선으로 연결한 직사각형의 높이는 증가하고, 폭과 깊이는 줄어든다. 결과는 **그림 5.12**의 오른쪽 그림처럼 보인다.

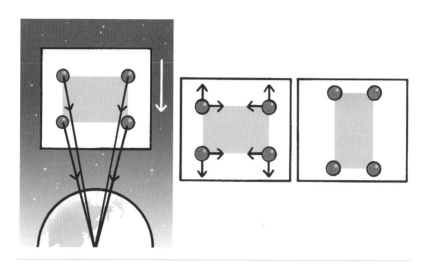

그림 5.12 자유낙하하는 우주선에서는 공간의 일부 형태가 변해도 그 부분의 부피는 변하지 않는다.

그러나 직사각형의 부피는 변하지 않는다. 그것을 직감적으로 이해할 수 있을까? 만일 이 직사각형이 질량을 갖는다면 질량에 대한 중력에 의해 직사각형의 부피는 줄어든다. 왜냐하면 질량은 중력에 의해 작아지려고 하기 때문이다. 그러나 이 직사각형은 단지 시험질량의 공을 상상의 선으로 연결한 형태이기 때문에 주위의 진공을 그다지 방해하지 않는다. 따라서 직사각형 밖에 있는 지구의 질량이 직사각형의 형태를 변화시켜도 부피는 '줄어들지 않는다'.

이것이 중력 작용의 본질이다. 질량이 어떻게 중력을 발생시키는지에 대해서는 제7장에서 소개한다. 그러나 그전에 질량의 중력에 대한 반응을 좀 더 상세히 알아보자.

제 6 장

등가원리

카를 슈바르츠실트
1873~1916

슈바르츠실트 엄밀해를 수립한
독일의 천문학자이자 물리학자

중력과 시간

중력은 시간에 어떻게 영향을 미치는 것일까? 그림 6.1을 보자. 단순화시키기 위해 회전하지 않는 행성을 선택했다. 행성 표면에 시계를 놓고 왼쪽에 또 다른 시계를 놓았다. 왼쪽 시계는 행성에서 충분히 떨어져 있어 행성의 중력이 거의 영향을 미치지 않는다. 행성에 대하여 이 시계는 운동하고 있지 않다. 즉 왼쪽 시계는 거의 관성운동 상태이다. 양쪽 시계는 '2시'에 맞췄다.

왼쪽과 오른쪽 시계의 진행을 비교하기 위해 왼쪽 시계를 관성운동 상태인 채로 오른쪽 시계가 있는 장소로 이동시키기 위해서는 어떻게 하면 좋을까? 등가원리에 따라 자유낙하하는 시계는 관성운동 상태에 있다.

우리는 정각 2시에 왼쪽 시계와 함께 자유낙하를 시작한다. 이때 행성은 '우리에 대하여' 가속하고 있다. 화살표는 속도를 나타낸다. 그림 6.1

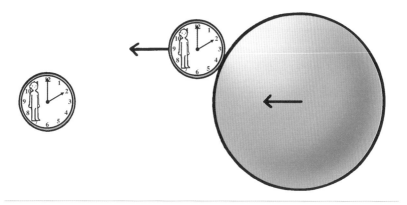

그림 6.1 왼쪽 시계가 먼 곳에서부터 행성을 향해 자유낙하를 시작했다.

에서는 행성과 행성 위에 있는 오른쪽 시계가 우리를 향하여 움직이기 시작했다. 그림 6.2에서는 시계가 우리 바로 옆으로 왔다. 여기서 시계의 시간을 알아보자. 우리의 시계는 관성운동 상태였다. 따라서 우리의 시계는 계속 행성에서 떨어진 무중력 상태처럼 진행했다. 행성 표면에 놓여 있는 시계는 빠른 속도로 우리를 향해 이동한다. 따라서 이 시계는 우리의 시계에 비해 느려져 있다.

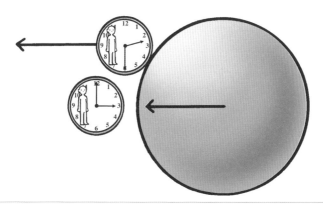

그림 6.2 왼쪽의 자유낙하하는 시계를 오른쪽 행성 표면에 정지해 있는 시계가 통과한다.

정리해보자.

이 사고실험을 이용하여 8.5절에서 아인슈타인의 중력방정식을 풀 때 시간이 얼마나 느려지는지를 계산할 수 있다.

만약을 위해 이번에는 초고층 빌딩과 3개의 시계를 사용하여 앞에서의 사고실험과 유사한 사고실험을 해보자. 그림 6.3의 왼쪽 그림은 자유낙하하고 있는 시계가 초고층 빌딩 위층에 놓인 시계 옆을 통과하는 순간을

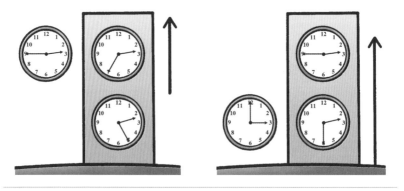

그림 6.3 초고층 빌딩에 있는 시계

나타낸 것이다. 오른쪽 그림은 그 후 아래층에 놓인 시계 옆을 동일한 자유낙하하는 시계가 통과하는 모습이다. 자유낙하하는 시계에 대하여 위층 시계보다 아래층 시계가 통과할 때의 속도가 커지기 때문에 자유낙하하는 시계에 비해 더 느리다. 또한 동일한 초고층 빌딩에 놓인 시계도 행성에 가까운 아래층 시계가 위층 시계보다 느려져 있다.

6·2 휘어진 시공간 속의 고유시간: 쌍둥이 역설 3

5.2절 2)에서 자유낙하하는 시험질량의 고유시간은 다른 시공간의 가까운 궤도와 비교하여 가장 오래 걸리는 시간, 즉 그 조건 안에서 가장 빠른 고유시간이 흐른다는 것을 알았다. 그렇다면 처음에 함께 자유낙하한 쌍둥이 중 한 사람이 그 자리를 떠나 전혀 다른 궤도로 갔다가 마지막에 다시 다른 쪽 쌍둥이 옆으로 되돌아오면, 휘어진 시공간 안에서는 어떻게 될까?

그림 6.4의 왼쪽 그림에서는 회전하지 않는 행성의 원형 궤도를 따라 쌍둥이가 함께 자유낙하하면서 돌고 있다. 오른쪽 그림에서 검은색으로 나타낸 쌍둥이(이하 검은색 쌍둥이)는 관성운동 상태에서 벗어나 가속되고 있는 발판 위에 서 있다.

검은색 쌍둥이는 발판에 서 있으면서 여러 번 붉은색으로 나타낸 쌍둥이(이하 붉은색 쌍둥이)가 통과하는 것을 관측한다. 마지막으로 붉은색 쌍

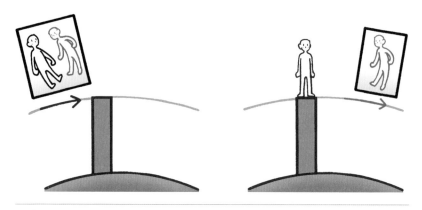

그림 6.4 붉은색으로 나타낸 쌍둥이는 행성 주위를 원형 궤도를 따라 자유낙하하며 계속 돌고 있다. 검은색 쌍둥이는 발판 위에 정지해 있다.

둥이가 통과할 때, 검은색 쌍둥이는 다시 가속하여 붉은색 쌍둥이 곁으로 되돌아온다. 붉은색 쌍둥이가 혼자 자유낙하하고 있을 때도 검은색 쌍둥이는 계속 가속하고 있었다. 붉은색 쌍둥이 곁에서 출발했을 때도 다시 돌아왔을 때도 물론 가속했지만, 발판 위에 서 있는 동안에도 계속 행성의 중력을 느끼고 가속했다.

이번에는 쌍둥이의 고유시간을 비교해보자. 우리는 행성에서 충분히 멀리 떨어진 장소에서 관성운동 상태로 거의 정지해 있고, 그러고 나서 자유낙하하여 발판 위에 서 있는 검은색 쌍둥이를 통과한다. 그림 6.5처럼 바로 그 순간 붉은색 쌍둥이도 통과한다. 우리에 대하여 검은색 쌍둥이는 세로 방향의 어떤 속도로 통과한다. 그러나 붉은색 쌍둥이의 경우는 우리에 대하여 세로 방향의 속도에 더하여 가로 방향으로도 어떤 속도로 이동하고 있기 때문에 위로 통과하는 검은색 쌍둥이에 비하여 '더 빠르게' 통과한다. 결국 우리가 측정한 붉은색 쌍둥이의 고유시간은 검은색 쌍둥이의 고유시간보다 느리게 흐른다.

그림 6.5 우리는 세로 방향으로 자유낙하하여 발판 위에 서 있는 검은색 쌍둥이를 통과하면서 자유낙하하는 붉은색 쌍둥이도 통과한다. 화살표는 검은색 쌍둥이가 관측한 경우.

검은색 쌍둥이의 고유시간은 발판에 도착했을 때와 출발했을 때 모두 어떤 영향을 받지만, 그사이 임의의 오랜 시간 동안 발판 위에 있었다. 두 번째 시도에서 붉은색 쌍둥이에게 합류하여 서로의 고유시간을 비교하면, 붉은색 쌍둥이의 고유시간이 검은색 쌍둥이의 고유시간보다 느리게 흐른다. 이것은 쌍둥이 역설이나 시계 역설의 또 다른 가능성으로, 행성 부근처럼 휘어진 시공간 안에서는 이 같은 실례가 존재한다. 이번에는 4.1절이나 4.4절과는 달리 계속 관성운동 상태에 있던 쌍둥이의 고유시간이 느리게 흐른다. 다시 말해 붉은색 쌍둥이는 '가장 곧은' 시공간의 길을 향해 나아갔지만, 고유시간이 가장 빠르게 진행하지는 않았다. 이것은

그림 5.6(p.97)과 비슷하다. 여기서 검은색 쌍둥이가 거쳐온 궤도는 붉은색 쌍둥이가 통과한 궤도인 시공간에서 가까운 궤도는 아니었다.

6·3 휘어진 시공간에서의 직선운동

앞절에서는 시계가 직선운동으로 자유낙하했다. 그러나 휘어진 시공간에서는 **그림 5.4**(p.95) 같은 곡선이 된다. 왜 그렇게 되는지 생각해보자. **그림 6.6**의 아래 그림은 질량을 그다지 갖지 않은 행성을 흰색 원으로 나타냈다. 이해를 돕기 위해 행성을 시계보다 작게 나타냈다. 시계는 행성에 등속도로 다가가고 있다. 충돌하기까지 시간의 3분의 1이 지나면 시계는 행성까지 거리의 3분의 1을 통과한다. 충돌까지 시간의 3분의 2가 지

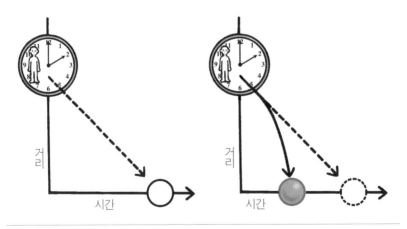

그림 6.6 시공간의 곡선

나면 시계는 행성까지 거리의 3분의 2를 통과한다.

　그림의 가로축과 세로축은 시간의 가로 방향과 세로 방향이 아니라, 시공간의 '시간'과 '거리'를 나타낸다. 왼쪽 그림의 무중력 같은 경우 시계는 시공간 속에서 직선을 따라 나아간다.

　오른쪽 그림에서는 **그림 6.1**(p.109)과 거의 같은 상황에서 갈색 행성은 질량을 가지고 있다. 시계는 왼쪽 그림과 같은 초속으로 이동한다. 시계가 행성에 다가감과 함께 행성에 대한 속도는 증가한다. 따라서 직선인 점선 대신에 실선인 곡선을 따라 좀 더 빠르게 다가간다.

　즉 시계가 공간 안을 직선운동으로 움직여도 중력을 가진 질량에 다가가면 곡선을 따라 시공간 안을 움직인다.

구의 중력의 영향을 받는 길이

　길이는 어떻게 중력의 영향을 받는 것일까? 그 질문에 답하기 위해 행성이나 별 같은 '모델'을 만들어보자. 물리현상을 설명하기 위해 가장 이해하기 쉽고 현상의 본질을 담고 있는 모델을 검토해보자. 행성이나 별은 대개 '구'의 형태를 하고 있다. 질량은 깊이에 따라 다르지만, 방향에는 그다지 의존하지 않는다. 이 상태를 **그림 6.7**에 나타냈다. 실제 행성이나 별 근처로 가정했으며, 이 책에서는 그 대상을 구라고 하자.

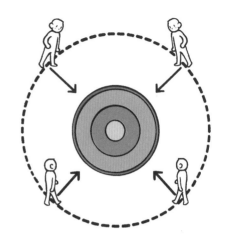

그림 6.7 구의 경우 질량은 깊이에 따라 달라지지만, 방향에는 전혀 의존하지 않는다. 짙은 색으로 표시한 영역은 질량의 밀도가 높다는 것을 나타낸다.

관측자들에게 구로부터 충분히 떨어져 있는 거리에서 에워싸듯이 정지해 있도록 한다. 모두 똑같이 긴 거리에서 거의 관성운동 상태에 있다. 이 상태에서 고유시간을 측정한다. 그리고 전원이 동시에 자유낙하를 시작한다. 구 주변의 중력은 어떤 방향에서든 똑같기 때문에 모든 사람이 같은 속도로 구로 다가감과 동시에 점선으로 나타낸 영역의 구면을 통과한다. 우리도 관측자의 한 사람으로 동시에 낙하해보자. 그 경우, 점선 영역의 구가 우리에 대하여 가속한다. 점선의 구면에 한 사람이 정지해 있다. 그 사람이 점선의 구면에 접한 막대를 놓는다. 2.4절 2)에 의하면 막대는 우리가 자유낙하하는 속도의 방향과 수직으로 놓여 있기 때문에 우리가 그 막대를 통과하면 막대의 길이는 우리에 대하여 변하지 않는다. 관측자 전원이 여기에 동의한다. 마찬가지로, 수직 관계가 되는 우리가 자유낙하하는 구와 같은 중심을 갖는 점선의 원주 길이는 우리에 대하여 변하지 않는다. 점선의 원과 같은 중심과 반지름을 갖는 구의 표면적도 관성운동 상태와 같은 값이다.

이번에는 가상의 점선 영역의 구면에 정지해 있는 사람이 중심을 향해 막대를 놓는다. 막대를 통과하면 우리에 대하여 그 막대는 짧아진다. 2.4절 1)에 의하면 막대는 γ값에 비례하여 줄어든다. γ값은 구에 대한 속도의 γ값이기도 하다. 그 속도는 우리가 구에 다가감에 따라 커진다.

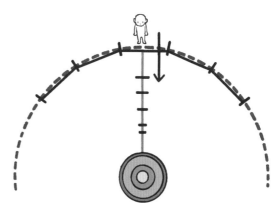

그림 6.8 구 주위에서 중심을 향한 '세로' 막대의 길이는 줄어들지만, 지름에 수직한 구면에 접하는 '가로' 막대의 길이는 변하지 않는다.

구 근처에서 구에 대하여 정지해 있는 사람이 그림 6.8처럼 막대를 놓았다. 구 밖에 있는 원의 지름을 채우기 위해서는 중력을 동반한 구가 없는 상태, 즉 어떤 중력의 영향도 받지 않는 상태보다 많은 막대가 필요하다. 결국 구와 같은 중심을 갖는 어떤 원의 원주와 지름의 비율은 π보다 '작아진다'. 공간 자체도 그처럼 굴절되어 있다.

구 주변의 굴절되어 있는 공간을 알아보는 데 가장 편리한 방법이 있다. 그림 6.9에서는 관측자가 구와 같은 중심을 갖는 2개의 점선 원 사이에 정지해 있다. 바깥 원의 원주에 있는 막대 수와 안쪽 원의 원주에 있는 막대 수를 세어 그 수를 뺀다. 만약 공간이 휘어 있지 않으면 바깥 원의 원주에 있는 막대 수는 **바깥 원의 반지름에 있는 막대 수×2π**이고, 안쪽 원의 원주에 있는 막대 수도 **안쪽 원의 반지름에 있는 막대 수×2π**다. 즉 원 사이에 있는 관측자의 발아래 실선에 해당하는 막대 수는 바깥 원주의 막대 수와 안쪽 원주의 막대 수 차이의 $\frac{1}{2\pi}$이다. 관측자는 이 비율을 공간이 휘어진 경우에도 유지하고 싶다. 구의 중력의 영향으로 구에서 충분히 먼 곳에서 구에 대하여 멈춰 있는 물체가 구를 향해 자유낙하하여 관측자를 통과할 때, 관측자에 대한 속도의 γ값에 비례하여 실선에 따른 막대의 길이는 줄어든다. 따라서 관측자는 실선에 놓인 막대의 길이를 $\frac{1}{\gamma}$에 비례하여 늘린다. 이런 방법으로 바깥 원주의 막대 수와 안쪽 원주의 막대 수의 차이는 **실선에 있는 막대 수×2π**로 완성했다. 만일 우리가 구에서 충분히 먼 곳에서, 구에 대하여 거의 정지한 관성운동 상태에서 구를 향해 자유낙하하면 막대의 길이는 γ값에 비례하여 줄어들기 때문에 결국 우리에 대하여 앞의 $\frac{1}{\gamma}$에 비례하여 늘어난 막대는 '$\gamma \times \frac{1}{\gamma} = 1$'로 구

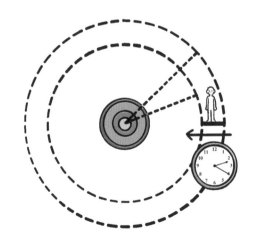

그림 6.9 점선 원 사이에 서 있는 관측자가 측정한 실선의 길이는 구가 없는 경우보다 γ값에 비례하여 작아진다. 이 γ값은 구에서 충분히 먼 곳에서, 구에 대하여 멈춰 있는 장소에서 자유낙하한 시계가 관측자를 통과할 때의 속도인 γ값이다.

에서 충분히 먼 평평한 시공간과 같은 길이를 갖는다. 그 때문에 이 측정법을 이용하는 것이 편리하다.

구 주위의 중력

구 주위의 중력의 영향을 정리해보자. 시공간은 다음과 같이 왜곡되어 있다.

1. 구 근처에 놓여 있는 시계의 시간은 구에서 충분히 멀리 놓인 시계에 비해 γ값에 비례하여 느려진다.

2. 충분히 먼 곳에서 거의 정지해 있던 시계가 자유낙하하여 구 근처에 놓여 있는 시계를 통과할 때의 상대속도인 γ값을 계산할 수 있다.

3. γ값은 반지름에만 의존한다. 구에서 충분히 멀리 떨어진 곳의 γ값은 거의 1이다. 반지름이 작아짐에 따라 γ값은 작아진다.

4. 지름에 수직인 '가로' 길이는 변하지 않는다. 구와 같은 중심을 갖는 구면 위의 기하학은 구의 질량에 동반한 중력이 없는 상태와 같다.

5. 세로 방향에 놓인 막대는 γ값에 비례하여 가로 방향에 놓인 때보다 줄기 때문에 이 세로 방향의 막대를 각각 반지름 상의 장소에 의한 $\frac{1}{\gamma}$배로 늘리면 구와 같은 중심을 갖는 원의 원주의 막대 수와 반지름의 막대 수의 비율은 유클리드 기하학과 마찬가지로 2π가 된다. 또한 구와 같은 중심을 갖는 구형의 면적은 유클리드 기하학과 같이 4π×반지름

의 제곱이 된다.

6. 구에 대하여 충분히 먼 곳에서, 거의 정지한 관성운동 상태에서 구를 향하여 자유낙하하는 관측자에게 $\frac{1}{\gamma}$ 배로 늘린 막대의 길이는 구에서 충분히 먼 곳의 평평한 시공간과 같은 길이가 된다. 즉 평평한 시공간과 같은 거리를 나타낸다.

시공간이 얼마나 휘어졌는지를 수학적으로 나타내는 방법을 계량이라 한다. 계량으로 시공간의 곡률을 계산할 수 있다. 등가원리를 사용함으로써 구 주위의 중력에 의해 휘어진 시공간을 거의 알아낼 수 있었다. 그러나 어떻게 γ값이 반지름에 의존하는지는 아직 알지 못한다. 제8장에서는 여기에 주목하여 구 주위의 중력을 아인슈타인의 중력방정식으로 해답을 찾는다. 구 주위에 있는 시공간의 휘어짐은 아인슈타인 중력방정식의 슈바르츠실트 엄밀해, 일명 슈바르츠실트 계량이다. 카를 슈바르츠실트는 독일의 천문학자이며 물리학자였다. 슈바르츠실트 엄밀해는 아인슈타인 중력방정식의 가장 중요한 해다. 왜냐하면 실제로 대부분의 별과 행성은 거의 구이기 때문이다.

6.6 중력을 받는 질량

2.6절에서 설명했듯이 시간이 느려짐에 따라 질량은 커진다. 즉 중력이 질량을 동반하여 근처에 있는 다른 질량을 크게 키운다. 이것은 중력이 가진 현저한 특징이다. 어떤 시험질량의 물체는 우주 전체의 질량에 의해 중력을 받고 있다. 그 내용을 바탕으로 다음 질문을 생각해보자.

어쩌면 어떤 시험질량의 '모든' 질량은 다른 우주에 있는 질량이 원인일까?

이것은 불변의 물체법칙이라기보다는 개념으로, 마하의 원리라고 부른다. 실제로는 상대성이론이 태어나기 전부터 널리 알려져 있던 개념이다. 에른스트 마흐가 이 가능성에 대하여 추정했다. 모든 물체가 가진 질량의 원인에 대한 개념이기 때문에 재미있는 추정이지만, 아직 확고한 이론으로 수립되지는 않았다. 그러나 등가원리에 의하면 적어도 물체의 질량 일부는 가까이에 있는 다른 질량에 중력을 작용하는 원인이 된다.

6·7 중력을 받는 빛

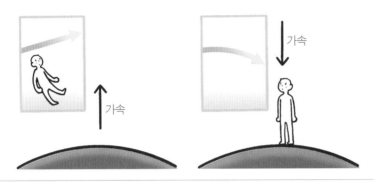

그림 6.10 중력의 영향으로 광선이 휜다.

그림 6.10의 왼쪽 그림은 빛이 자유낙하하는 투명한 상자를 통과하는 모습을 나타낸 것이다. 상자도 상자 안에 있는 사람도 관성운동 상태이기 때문에 빛이 직선상으로 움직이는 것을 볼 수 있다. 그러나 행성에 서 있는 사람이 보면 상자와 그 안을 통과하는 빛은 행성에 대하여 아래로 가속하고 있다. 즉 빛이 행성을 향해 '휘는' 것이다. 만약 빛이 행성이나 별 근처를 지날 때 중력이 특히 강해져 그 영향도 커진다.

태양은 이런 효과를 관측하기에 충분한 질량을 가지고 있다. 태양 바로 옆에 보이는 별빛의 사진을 찍는다. 그 별빛은 태양 옆을 지나고 있다. 그러나 태양이 너무 밝아서 **그림 6.11**과 같이 일식이 있는 날에만 이런 사진을 찍을 수 있다. 일식 때는 상대적으로 크기가 작은 달이 우리와 크고

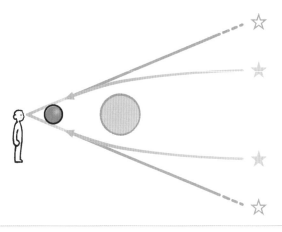

그림 6.11 태양에 의해 휘어진 빛

밝은 태양 사이에서 태양의 밝은 빛을 가려주기 때문에 태양 옆을 지나 온 별빛을 볼 수 있다.

빛이 휘는 것을 확인하기 위해 일식이 있던 때부터 반년을 기다려 태양 이 우리의 반대쪽에 놓인 밤에 전과 같은 별 사진을 다시 한 번 찍어서 비 교한다. 그림 6.12와 같이 별은 이전에 찍은 사진의 흰색 별이 있던 장소

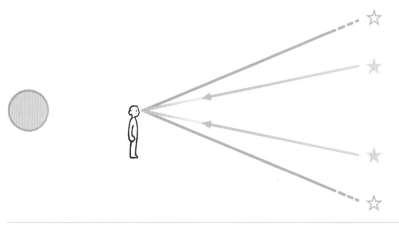

그림 6.12 반년 뒤에는 별의 원래 위치를 관찰할 수 있다.

에 비해 서로 좀 더 가까운 위치에서 보인다. 이것으로 다음과 같은 결론을 얻을 수 있다.

휘어진 시공간에서는 빛이 휘어서 진행한다.

이 경우에 별은 경로를 휘게 하는 물체, 즉 태양에서 멀리 떨어져 있는 것처럼 관측된다.

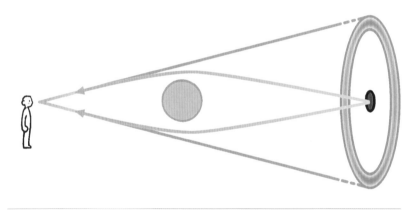

그림 6.13 은하도 훨씬 먼 곳에 있는 별이 방출하는 빛을 렌즈처럼 굴절시킬 가능성이 있다.

다른 예로는 그림 6.13처럼 파란색 별이 노란색 은하의 바로 뒤에 있는 경우다. 노란색 은하가 중력렌즈가 되어 우리에게는 별이 고리처럼 보이기도 한다. 이것을 아인슈타인 링이라 한다. 그림 6.14는 아인슈타인 링의 실제 사진이다.*

9.2절에서는 별을 통과하는 빛이 휘는 각도를 슈바르츠실트 엄밀해를 이용하여 계산한다.

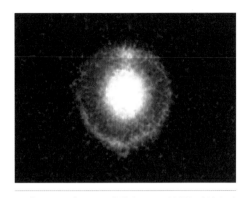

그림 6.14 허블우주망원경으로 촬영한 아인슈타인 링 'SDSS JI62746.44−005357.5'. 여기서 보이는 해상도는 카메라의 해상도.

6.8 블랙홀의 간략한 소개

물체의 질량이 크면 클수록 그 근처에서의 중력도 커진다. 중력이 커지면 빛의 경로는 더 많이 휘어지고, 시간은 더욱 느리게 진행하며, 물체의 질량은 더욱 커진다. 질량이 어느 수준 이상 커지면 위로 향하는 빛조차 달아나지 못하도록 다시 흡수된다. 그 같은 질량을 가진 천체를 블랙홀이라 하며, 그 영역의 경계가 되는 구면을 지평면이라 부른다. 어떤 물체라도 밖에서 지평면 또는 블랙홀로 향할 수 있지만, 안에서는 그 어떤 것도 밖으로 나올 수 없다.

우주선으로 지평면을 향해 다가간다고 가정해보자. 블랙홀에서 충분히

---

* NASA, ESA, A. Bolton (Harvard - Smithsonian Center for Astrophysics) and the Sloan Lens Advanced Camera for Surveys Team

떨어져 있는 곳에서 관측하는 우리의 고유시간에 의하면 우주선의 시간은 점차 느려진다. **그림 6.15**처럼 우주선이 지평면에 도달하면 우리의 고유시간에 의해 우주선의 시간은 멈추고 만다. 따라서 우리는 우주선이 지평면 안으로 들어가는 것을 볼 수 없다. 그러나 우주선을 타고 있는 우주비행사가 볼 때는 우주선에는 전혀 이상한 일이 일어나지 않는다. 그들은 그대로 지평면을 통과한다. 왜냐하면 등가원리에 의해 자유낙하하는 물체는 관성운동 상태와 같기 때문이다.

이상하게 생각할지 모르겠지만, 이것은 모순되지 않는다. 우주비행사는 지평면을 통과한 사실을 밖에 알릴 수 없다. 왜냐하면 빛조차 안에서 지평면 밖으로 향할 수 없기 때문이다.

블랙홀이 성립하는 데 필요한 질량은 **9.1절**에서 슈바르츠실트 엄밀해로 계산한다.

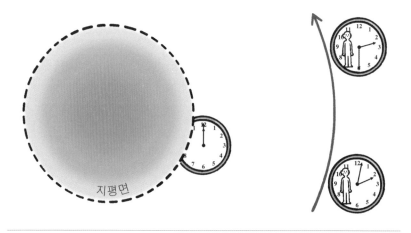

지평면

그림 6.15 큰 질량 가까이에 있는 시계는 느리다. 지평면에서는 밖의 관측자가 측정한 시간이 멈춰버린다.

6·9 등가원리의 정리

만일 중력이 질량을 끌어당기는 힘이라면 대체 왜 물체의 무게와 질량은 완전히 같은 것일까? 그것을 설명할 수 있는 명백한 '원인'은 없다. 아인슈타인은 중력질량과 관성질량의 동등성이 중력을 더욱 깊이 이해하는 열쇠가 된다고 보았다. 물체의 질량에 의한 중력이 충분히 작을 때, 모든 시험질량은 중력질량과 완전히 똑같이 반응한다. 물체의 무게는 가속하려고 하지만, 물체의 관성질량이 가속에 저항한다. 질량의 중력이 충분히 작은 물체에서는 양쪽의 크기가 완전히 똑같기 때문에 시험질량은 중력 안에서 조금도 가속되지 않으며, 오로지 관성운동 상태에서 움직인다.

관성운동 상태에서 어떤 힘의 영향도 없이 자유낙하하는 것은 물체의 종류에 따라 달라지지 않기 때문에 이것이 바로 관성질량과 중력질량이 동등한 이유다.

그러나 시험질량은 중력을 받으면 곡선으로 움직인다. 자유낙하하는 시험질량은 공간의 가장 짧은 길을 지나지 않고, '시공간'에서 '가장 긴' 고유시간이 걸리는 경로를 지난다. 따라서 중력은 시간만 굴절시키는 것이 아니라 공간과 시간 모두를 휘게 한다. 이 경로가 시공간의 측지선이다.

어느 점을 통과하는 측지선을 작성하기 위해서는 방향과 초속을 설정하지 않으면 안 된다. 다른 초속에서는 다른 측지선을 따라 운동한다. 이 측지선은 공간하고만 관계하는 것이 아니라 시간과 공간 모두와 관계한다.

특수상대성이론의 지식과 자유낙하하는 시험질량을 사용하여 중력을 받고 있는 질량의 반응을 알아볼 수 있다.

그러나 왜 질량은 중력을 발생시키는 것일까? 이유는 아무도 모른다.

단지 질량이 어떻게 해서 중력을 발생시키는지 알 수 있을 뿐이다. 등가원리에 따라, 그리고 가장 간단한 방법으로 중력을 발생시키고 있다.

제7장에서는 여기에 대해 소개한다.

질량의 중력 발생 방법

아리스토텔레스
기원전 384~기원전 322

형이상학을 주장했으며,
만학의 아버지라 일컬어지는 고대 그리스의 철학자

Aristotle

고립되어 있는 구름의 중력

우리는 중력에 의해 물체와 물체가 서로 끌어당기는 것을 경험으로 알고 있는데, 앞장에서는 그 지식을 이용했다. 질량이 중력을 발생시키고 중력이 시공간을 휘게 하기 때문에 질량 자체가 시공간을 휘게 하고 있는 것이다. 질량이 시공간을 휘게 하는 가장 간단한 방법은 대체 무엇일까?

가능한 한 간단히 상황 설정을 해보자. 우주선을 타고 큰 질량이 하나도 없는 공간으로 가자. 그곳에서 우리는 관성운동 상태가 되어 있다. 우주선 밖에 작은 먼지구름을 띄워놓는다. 정교하게 먼지를 배치하였기 때문에 먼지 입자는 움직이지 않는다. 그림 7.1에서는 먼지 입자를 검은색 원으로 나타냈다. 그리고 조용히 우주선에 올라타고 조금 떨어진 곳에서 먼지구름을 관측한다. 먼지구름의 입자도, 우주선도 관성운동 상태다.

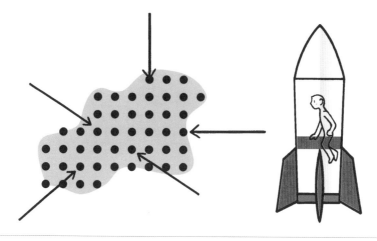

그림 7.1 먼지구름은 자신의 질량이 발생시킨 중력의 영향으로 움츠러들기 시작한다.

질량은 중력의 영향 하에서 쉽게 응축한다는 것은 경험으로 알고 있다. 따라서 먼지 입자를 내버려두면 구름은 '움츠러들기' 시작한다. 그 줄어드는 것을 설명하는 수량은 무엇일까? 물론 가장 간단한 답은 구름의 시간당 부피의 축소, 즉 축소속도다. 그러면 축소가 시작되는 순간을 설명하는 수량은 무엇일까? 가장 간단한 답은 구름의 초기 축소율, 즉 초기 축소가속도다. 어느 정도로 먼지구름이 움츠러들까? 그것은 구름 속에 있는 질량에 의존한다. 가장 간단히 생각할 수 있는 것은 초기 축소가속도가 구름의 질량에 비례한다는 사실이다. 두 배의 질량을 가진 같은 형태의 구름이 있다면 초기 축소가속도는 약 두 배가 될 것이다.

이것이 바로 중력의 법칙이다!

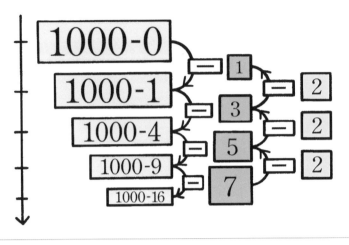

그림 7.2 부피의 경우 초기 축소의 수치 예

부피의 '초기 축소가속도' 값을 알아보자. 10×10×10m 크기의 먼지 구름을 준비한다. 부피는 1000m³다. 그림 7.2는 1초마다 축소하는 부피를 파란색 직사각형으로 나타낸 것이다. 녹색 직사각형은 1초마다 축소하는 상황, 즉 '축소속도'를 나타낸다. 노란색 직사각형은 1초마다 축소속도의 변화율, 즉 '축소가속도'를 나타낸다. 부피의 축소가속도는 **부피÷시간의 제곱**이기 때문에 이 경우 부피의 초기 축소가속도는 $2\frac{m^3}{s^2}$이다.

그러나 우리는 먼지구름의 초기 축소가속도뿐 아니라 질량이 어떻게 시공간을 휘게 하는지를 알고 싶다. 이 질문에는 등가원리가 도움이 된다.

충분히 작은 질량, 즉 시험질량은 물질의 종류에 관계없이 같은 중력에 반응한다. 먼지 입자로 주위의 시공간을 조사할 수도 있다. 구름이 축소하기 시작하면 구름 속에 있는 시험질량은 서로 가속한다. 그러나 모든 시험질량을 끌어당기지는 않는다. 구름이 있는 작은 공간 그 자체가 고유 시간을 아주 조금 진행시켜 축소하기 시작한다. 이와 같이 질량은 시공간에 영향을 미친다.

아인슈타인의 중력법칙에 대하여 살펴보자.

아인슈타인의 중력방정식

아인슈타인의 중력법칙은 아인슈타인의 중력방정식이라고도 한다.

> 서로 정지한 입자인 먼지로 이뤄진 충분히 작은 구름이 축소할 때의
> 축소가속도는 '구름 속에 있는 질량'에 비례한다.
> 비례상수는 $4\pi \times$ 중력상수다.

왜 비례상수를 구할 때 '중력상수'뿐 아니라 4π를 곱하는 것일까? 그것은 단지 옛날 이론에서 나온 습관일 뿐이다. 중력상수로 사용되는 값은 6.67×10^{-11}로 11.1절의 표(p.224)를 참조하면 된다.

밀도는 단위 부피에 포함되어 있는 질량이다. 충분히 작은 부피 안에서의 밀도는 거의 어느 부분이든 같다. 부피의 초기 축소가속도, 즉 상대 초기 축소가속도는 구하기 쉽다. 아인슈타인의 중력방정식에 질량밀도를 대입하여 계산하면 다음과 같다.

> 서로 정지한 입자인 먼지로 이뤄진 충분히 작은 구름이 축소할 때의
> 상대 축소가속도는 '구름 속에 있는 질량밀도'에 비례한다.
> 비례상수는 $4\pi \times$ 중력상수다.

질량은 에너지÷빛 속도의 제곱이기 때문에 에너지밀도를 아인슈타인의 중력방정식에 적용하면 다음과 같다.

> 서로 정지한 입자인 먼지로 이뤄진 충분히 작은 구름이 축소할 때의
> 상대 축소가속도는 '구름 속에 있는 에너지밀도'에 비례한다.
> 비례상수는 $4\pi \times$ 중력상수÷빛 속도의 제곱이다.

7.3 압력의 도입

우리는 입자가 서로 정지해 있는 상태에서 구름의 질량을 놓아두었다. 그런데 만일 이 공간 속에 순수한 에너지, 즉 빛이 들어가면 상황은 달라진다. 순수한 에너지는 항상 광속으로 움직이기 때문에 질량과 마찬가지로 '정지상태'에 있을 수 없다. 빛은 '기체' 분자와 매우 비슷하다. 가장 간단한 상태에서 기체는 어디에서나 같은 상태를 유지하고, 평균적으로 초당 구름 속으로 들어가는 기체 입자의 수와 구름에서 나오는 기체 입자의 수는 같다. 그래도 기체의 미립자는 계속 서로 충돌하고, 질량에 대하

여 끊임없이 움직이고 있다. 따라서 기체 분자와 빛은 끊임없이 이 먼지 구름을 드나든다. 그림 7.3은 그 상황을 나타낸 것이다.

어떤 분자가 구름에서 나갔을 때, 밖에 있는 같은 종류의 분자는 같은 속도로 구름 표면에서 안의 분자와 부딪힌다. 기체 분자를 구름 속에 보존하고 있는 모습을 상상해보자. 바꿔 말하면, 외부의 기체는 공간의 모든 방향, 즉 가로, 세로, 높이의 세 방향에서 구름 속의 기체에 '압력'을 가한다. 그러나 1.12절에서 설명했듯이 압력은 부피당 에너지, 즉 에너지밀도다. 따라서 이 세 방향에서 가해지는 압력을 구름의 에너지밀도에 더해야 한다.

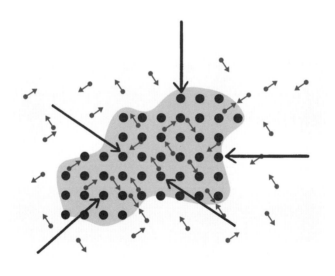

그림 7.3 기체 안에 있는 먼지구름. 기체 입자는 작은 파란색 원, 입자의 속도는 파란색 화살표로 나타냈다. 먼지구름은 기체 입자의 산란운동 에너지도 갖고 있는데, 그 에너지도 중력의 원인이 된다.

이로써 완전한 아인슈타인의 중력방정식을 얻었다. 다시 한 번 정리해 보자.

서로 정지한 입자인 먼지로 이뤄진 충분히 작은 구름이 축소할 때의
상대 축소가속도는 구름 속에 있는
에너지밀도＋구름 속의 세 방향에서 가해지는 압력에 비례한다.
비례상수는 $4\pi \times$ 중력상수 $\div$ 빛 속도의 제곱이다.

그러나 구름 속에서 기체 분자나 빛은 단순히 움직이는 것이 아니라 끊임없이 시험질량에 충돌한다. 만일 모든 방향의 압력이 같다면 시험질량은 평균적으로는 움직이지 않는 것처럼 보인다. 그러나 현미경으로 보면 충돌하는 분자들로 인해 계속 흔들리고 있다. 따라서 우리는 기체 속의 시험질량을 완벽하게 정지한 상태로 놓아둘 수 없다. 매우 작은 '구름'이나 부피에서는 압력의 개념이 의미를 갖지 못한다.

아인슈타인 자신도 이것을 잘 알고 있었다.

We know that matter is built up of electrically charged particles, but we do not know the laws which govern the constitution of these particles. In treating mechanical problems, we are therefore obliged to make use of an inexact description of matter, which corresponds to that of (⋯) classical mechanics. The density (⋯) of a material substance and the hydrodynamical pressures are the fundamental concepts upon which such a description is based.

전하를 띤 입자들이 물체를 구성하고 있는 것은 알지만, 입자 자체의 구성을 지배하는 법칙에 대해서는 잘 알지 못하고 있다. 따라서 물질의 구성에 대해 부정확한 기술만 할 수 있을 뿐이며, 이는 고전역학도 마찬가지다. 구체적으로 물체의 밀도와 압력은 물질의 구성과 고전역학의 법칙을 기술하는 기본적인 개념이다.

만일 수학적인 기술을 알고 싶다면 부록 11.5(p.234)를 참조하라.

다음 과제에서는 압력이 낮은 물체만 다룰 것이기 때문에 7.1절의 먼지 구름 모델만 사용한다.

7.4 속도의 도입

그렇다면 중력법칙은 특수상대성이론과 정확히 일치할까? 만일 우리가 관성운동 상태일 때 구름이 우리에 대하여 어떤 일정한 속도로 통과하면 아인슈타인의 중력방정식에 의해 아무것도 변하지 않을 것으로 예상되지만, 실제로는 여러 가지가 변한다. 우선 구름의 질량이 $\frac{1}{\gamma}$ 값에 비례하여 증가한다.

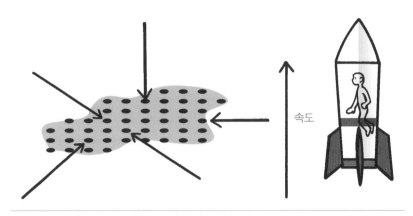

그림 7.4 일정한 속도로 움직이는 구름이 축소한다.

    질량이 증가함에 따라 구름의 중력도 커진다. 따라서 구름의 부피도 변한다. 일정한 속도로 움직이는 방향의 길이는 γ 값에 비례하여 축소하지만, 속도에 수직인 방향의 길이는 변하지 않는다. 즉 구름의 부피는 γ 값에 비례하여 작아진다. 게다가 2.1절에서 설명했듯이 우리의 시간은 구름의 시간에 대하여 $\frac{1}{\gamma}$ 값에 비례하여 빠르게 진행한다. 따라서 우리에 대하여 움직이는 구름은 거꾸로 $\frac{1}{\gamma}$ 값에 비례하여 빠르게 축소한다. 초기 축소가속도는 $\left(\frac{1}{\gamma}\right)$에 비례하여 빨라지기 때문에 이것들을 합산하면 우리에 대하여 일정한 속도로 움직이는 구름의 초기 축소가속도는 우리에 대하여 정지한 상태다.

$$\frac{\left(\dfrac{\gamma}{\gamma}\right)}{\gamma} = \frac{1}{\gamma}$$

에 비례하여 커진다. 그러나 $\frac{1}{\gamma}$ 값에 비례하기 때문에 우리에 대하여 일정한 속도로 움직이는 구름의 질량도 커지고, 그로 인해 아인슈타인의 중력방정식은 특수상대성이론과 일치한다.

7.5 외부 질량의 도입

　7.2절에서는 가까이에 큰 질량의 영향이 없는 상황을 설정하여 먼지구름이 중력을 발생시키는 것을 설명했다. 그러나 실제로는 구름 밖에 행성이나 별 같은 큰 질량이 있다. 그런 경우 질량의 영향에 대하여 생각해보자. 우리의 구름은 충분히 작기 때문에 외부 질량에 의한 중력의 영향에 대하여 구름 전체를 시험질량이라 생각할 수 있다. 즉 그림 7.5처럼 구름 전체가 자유낙하하고 있기 때문에 등가원리를 사용한다. 구름은 그대로 관성운동 상태이기 때문에 외부 질량은 구름의 초기 축소가속도를 변화시키지 않는다. 따라서 중력법칙은 전혀 변하지 않는다.

　그림 5.12(p.105)처럼 밖에 있는 질량은 단지 서로 정지한 시험질량을 가진 작은 구름 '형태'밖에 변화시키지 않는다.

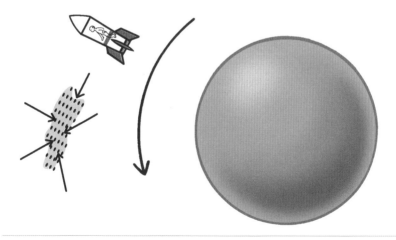

그림 7.5 수축하는 충분히 작은 구름은 시험질량과 같이 근처에 있는 질량이 발생시키는 중력의 영향으로 자유낙하한다.

7.6 국소적인 시공간과 전체적인 시공간

시공간 전체의 중력의 영향은 어떻게 알 수 있을까? 예를 들면, 태양은 근처의 시공간을 휘게 하는데, 태양에서 충분히 멀리 떨어져 있는 곳의 시공간은 평평하다. 이런저런 시험질량을 놓고 시공간을 국소적으로 알아보자. 그리고 국소적으로 조사한 것을 짜맞추어 태양 주위의 시공간 지도를 만든다. 이것은 지구의 지도를 작성하는 것과 비슷하다. 각각의 국소적인 지도를 매끈하게 연결시킴으로써 지구의 같은 구체 모델이 완성된다. 굽어진 평면으로 이루어진 '지구본'을 통해 휘어진 공간을 상상할 수 있다.

단, 시공간의 경우에는 단순한 구체의 곡면보다 복잡하다. 만일 어떤 질량 근처에서 시공간의 부피가 수축하면 근처의 질량이 없는 시공간도 휘어지고 만다. 구름의 부피는 단순히 시간의 경과에 따라 축소하는 것이 아니다. 각각 자유낙하하는 구름의 고유시간은 구름의 상대속도에 의존하기 때문에 시간과 공간 양쪽을 따라가지 않으면 안 된다. 예컨대 **그림 5.12**(p.105)에서는 작은 부피를 가진 어떤 물체의 짧은 시간 동안의 경과를 볼 수 있다.

3차원 공간에서 곡면의 곡률을 조사하기 위해서는 곡면의 각 점에 단 하나의 수치가 필요하다. 그것을 가우스 곡률이라 한다. 이 곡률을 **그림 7.6**에 적용시켜 상상해보자. 곡면 위에 있는 점의 곡률은 그 점을 중심으로 하여 주변에 그린 곡면 위 원의 원주와 지름의 비율, 평면의 경우 비율

π와의 차이에서 얻을 수 있다. 다시 말해 곡률은 유클리드 기하학과의 차이 정도로 측정한다. 그러나 시공간은 곡면 위보다 방향이 많기 때문에 시공간의 각 점에서는 단 한 가지 수치로는 부족하다. 시공간의 곡률을 바르게 측정하기 위해서는 각 점에 대하여 20가지의 수치가 필요하다.

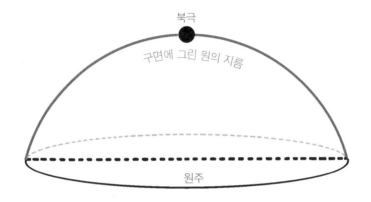

그림 7.6 구면의 곡률을 측정하는 방법: 북극을 중심으로 구면 위에 원을 그린다. 원주의 길이는 π×점선의 지름인데, 이것은 구 안을 통과하는 검은색 점선을 가리킨다. 그러나 구면 위의 지름은 직선이 아니라 굽어 있는 면을 따라 그려진 원호다. 이 원호는 아래의 점선보다 길기 때문에 구면 위에서는 원주와 원의 지름의 비율은 π보다 작아진다. 그것은 **그림 6.8**(p.117)의 구 주위의 원과 비슷한 상태다.

리만은 가우스의 곡면이론을 다차원의 공간에서 일반화하였다. 이 20 개의 수치를 리만 곡률텐서$^{\text{Riemann curvature tensor}}$라 한다. 아인슈타인은 이 이론을 발전시켜 휘어진 시공간이론을 구축했다. 수학적인 도구로는 텐서 해석학이 있다. '텐서'라는 말은 원래 라틴어로 '당기기'라는 뜻이 다. 공학자들은 현수교가 굽은 상황을 텐서를 이용하여 계산한다. 물체 가 시공간 안에서 휘는 것은 간단히 시각화할 수 있다. 예컨대 **그림 7.7**

을 보자.

그러나 시공간이 휜 것을 상상하는 것은 어려운 일이다. 9.7절에서 물체가 휘는 것과 시공간이 휘는 것 사이의 근본적인 차이에 대하여 자세히 설명할 예정이다.

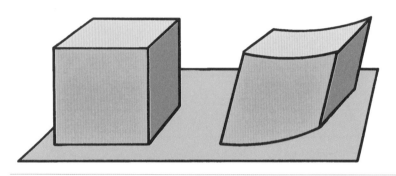

그림 7.7 어떤 물체가 휘어져 있다.

아인슈타인의 중력방정식 풀이법

휘어져 있는 시공간의 전체적인 지도를 작성하는 것뿐만 아니라 국소적인 지도를 작성하는 것도 복잡하다. 예를 들면 작은 구름이 축소한 뒤, 시험질량이 서로 운동하기 시작했다. 서로 자유낙하하고 있기 때문에 구름의 일부에 주목하면서 이 장소의 속도에 상대하는 시간을 조사하고, 초기 축소가속도를 상대적으로 정지했던 상태로 만들어 다시 관측한다. 즉 한편에서는 구름의 질량이 시공간이 휘도록 '영향을 주었고', 다른 한편에서는 휘어져 있는 시공간 안에서 자유낙하하는 운동이 '영향을 받는다'. 우리는 질량의 작용과 반응을 간단히 구분 지을 수 없다. 바꿔 말하면, 우리가 임의로 생각한 질량의 분포에서 휘어진 시공간의 지도를 작성할 수 없을지도 모른다. 이것이 중력의 특이한 점이다. 그 같은 이유로 아인슈타인의 중력방정식은 매우 이해하기 어려운 방정식이다.

실제로 아인슈타인의 중력방정식의 엄밀해는 적다. 엄밀해를 구하기 위해서는 질량을 균일하게 분포하도록 해야 한다. 그런 경우에는 질량의 상호작용을 분석할 수 있다.

❶ '구의 경우'는 6.5절에서 설명했듯이 어떤 방향에서든 질량의 분포는 같다. 그때 질량은 서로 균일하게 분포해 있다. 중력은 구의 중심까지의 거리에만 의존할 뿐 방향에는 의존하지 않는다. 단, γ 값은 아직 밝혀지지 않았다. 결국 중심에서 먼 곳에 거의 관성운동 상태로 멈춰 있던 시험질량이 중심을 향하여 자유낙하하면서 어떤 거리를 어떤 속도로 구에 다가가는 것이다. 이 속도를 알면 슈바르츠실트 엄밀해와 그와 유사한 뉴턴의 중력법칙을 얻을 수 있다. 별이나 행성은 대부분 구이기 때문에 이 해가 가장 중요하다.

❷ 우주 전체에서 충분히 큰 공간에 들어 있는 질량은 어디서든 대개 같은 관측 결과가 나온다. 즉 질량은 이 같은 대규모 거리에서 균일하다. 그 경우 시공간의 휘어짐은 어디서든 같고, 시간에만 의존할 가능성이 남아 있다. 9.8절에서는 우주의 빅뱅을 설명한다.

단지 그것으로 끝이다. 회전하는 구나 전하를 띤 구, 회전하는 전하를 띤 구 등 약간 일반적인 해가 있지만, 임의의 질량 분포에 대해서는 텐서 해석학을 도구로 사용하여 아인슈타인의 중력방정식의 해를 구해야 한다.

중력법칙이 아인슈타인의 중력방정식이 된다고 확실히 '증명'할 수는 없다. 단지 아인슈타인의 중력법칙은 가능성이 있는 법칙 중에서 '가장 간단한' 법칙이다. 많은 물리학자들이 여러 가지 매우 복잡한 중력이론을 만들었지만, 그것들로는 중력법칙과 등가원리를 논리적으로 짜맞추기가 더욱 어렵다. 왜냐하면 구름 속의 질량이 동시에 중력을 발생시켜 주위의 시공간을 휘어지게 하고, 그 휘어진 시공간에 다시 반응하기 때문이다. 그런 현상을 바르게 기술하는 중력이론을 만드는 것은 어렵다. 오랜 세월 동안 이뤄진 실험 결과에 의하면, 아인슈타인의 중력법칙과 등가원리가 중력법칙 중 가장 타당한 이론인 것 같다.

이론을 다시 정리해보자.

1. 먼저 작은 구름인 시험질량을 서로 정지한 상태로 설정해놓는다. 구름 속의 질량이 가장 간단한 방법으로 시공간을 휘게 한다. 결국 구름은 축소하기 시작한다.
2. 초기 축소가속도는 구름 속 질량과 구름의 부피에 의해서만 달라진다.
3. 초기 축소가속도는 가장 단순한 방법으로, 구름 속에 있는 질량에 의존하고 구름의 질량에 비례한다.
4. 구름이 관측자에 대하여 등속직선운동으로 움직여도 위의 중력법칙은

변하지 않기 때문에 중력법칙은 특수상대성이론과 일치한다.

5. 아인슈타인의 중력방정식에서는 1개의 물리량 값을 확정한다. 그것은 구름에 포함된 질량에 의해 단 하나의 기하학적인 값, 즉 부피 변화를 확정한다. 바꿔 말하면, 구름 속의 질량이 어떤 방법으로 구름의 '형태'를 변화시키는지는 아인슈타인의 중력법칙에 들어 있지 않다.

6. 구름 밖의 질량이 구름의 형태에 영향을 주지만 외부 질량으로 구름의 부피는 축소하지 않는다. 시공간 전체가 매끈해지고 구름의 형태는 차츰 변한다.

아인슈타인의 중력법칙과 등가원리가 합쳐져 일반상대성이론을 구성한다.

이제 중력법칙을 활용해보자.

중력법칙의 영향으로 행성은 태양 주위를 어떻게 돌고 있을까?

고전적인 뉴턴의 중력법칙, 즉 태양이 지구를 '끌어당기고 있다'는 것과 어떻게 일치할까? 다음도 알아보자.

어떤 현상을 새롭게 해명했는가?

제 8 장

아인슈타인의
중력방정식을 푼다

뉴턴과 아인슈타인
뉴턴의 중력법칙에서
아인슈타인의 중력방정식으로!

8.1 운동법칙을 일으키는 중력

아인슈타인의 중력방정식을 풀어보자.

시험질량이 등가원리에 따라 중력의 영향으로 자유낙하운동을 하고 있다. 등가원리가 질량의 중력에 대한 '반응'을 결정짓는다. 이것이 운동법칙이다. 이에 대하여 아인슈타인의 중력방정식은 질량의 시공간에 대한 '작용', 즉 시공간이 어떻게 휘는지를 결정한다. 아인슈타인의 중력방정식은 시험질량의 반응도 놀랄 만큼 정확하게 예측한다.

그림 8.1과 같이 사고실험으로 살펴보자. 작은 시험질량의 구름을 떠올려보자. 우리는 그 구름 속에 관성운동 상태로 정지해 있다. 구름의 시험질량도 우리에 대하여 정지해 있다.

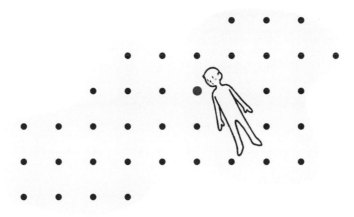

그림 8.1 우리 옆에 정지해 있는 시험질량 ●은 우리에 대하여 가속하지 않는다.

아인슈타인의 중력방정식에 의하면, 먼지구름의 부피는 포함하고 있는 질량에 비례하여 수축하기 시작한다. 우리가 구름 속의 일부분만 지정하면 가장 작은 부피는 구름 전체의 부피를 지정했을 때보다 좀 더 작게 줄어들기 시작한다.

그러는 가운데 **그림 5.12**(p.105)처럼 구름은 외부 질량의 영향으로 '변형'될 가능성도 있다. 그러나 **그림 5.12**에서 보인 부피는 이웃 행성에 비해 그리 작지 않다. 그림 8.1의 구름은 그보다 훨씬 작다. 우리가 구름 속 일부만 지정하면 가장 작은 부피는 더 작게 변형될 가능성이 있다.

따라서 우리와 옆에 놓인 시험질량 ●을 포함해 매우 작은 부피를 지정하면, 그 매우 작은 부피는 전혀 줄어들지 않고 변형도 하지 않는다. 다시 말해 전혀 변하지 않는다. 따라서 옆의 붉은색 질량은 우리에 대하여 가속하지 않는다. 결국 붉은색 시험질량은 우리와 마찬가지로 관성운동 상태에서 시공간의 측지선을 따라 운동한다.

이것이 바로 시험질량의 '운동법칙'이다.

뉴턴의 중력법칙에 대하여 생각해보자. 예를 들면, 지구 중력이 어떤 시험질량을 끌어당긴다. 그리고 시험질량은 자신의 관성에 의해 그 힘에 저항한다. 이 반응을 뉴턴의 중력법칙으로는 설명할 수 없다. 게다가 왜 중력질량과 관성질량이 완전히 같은 크기인지도 밝힐 수 없다. 뉴턴의 중력법칙은 실제 중력법칙의 단순한 근사다.

다음은 전자역학에 대하여 설명해보자. 전하는 주위에 전자기장을 발생시킨다. 이 전자기장은 맥스웰 방정식에 따른다. 그러나 이 방정식만으로는 다른 전하의 '반응'을 알 수 없다. 제3장에서 설명했듯이 그 반응을 지배하는 로렌츠힘은 특수상대성이론과 맥스웰 방정식 모두에 적합하다. 그러나 로렌츠힘만이 유일한 운동법칙은 아니다.

전자기장은 에너지로 시공간을 굴절시키기 때문에 아인슈타인의 중력 방정식을 사용하면 위와 같은 논법으로 로렌츠힘을 추정할 수 있다.

구 안의 중력

별이나 행성은 대부분 구다. 다음의 사고실험에서는 구에 여러 방향으로 깊이 판 터널을 관통시킨다. 그림 8.2는 4개의 방향으로 파 들어간 세로 터널을 나타낸 것이다. 모든 세로 터널에는 중심에서 같은 거리에 시험질량을 놓았다. 시험질량은 작은 검은색 구다. 그 놓인 위치로 둘러싸인 구형 영역을 줄무늬로 나타냈다. 어느 순간 동시에 놓으면 시험질량은 자유낙하한다.

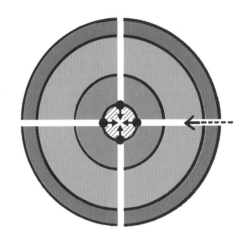

그림 8.2 검은색 구가 시험질량이다. 시험질량은 구의 터널 안을 세로로 자유낙하한다. 점선 화살표는 구에서 충분히 먼 곳에서부터 자유낙하하는 물체가 관성운동 상태로 세로 터널 안을 통과하는 모습을 나타내고 있다.

시험질량이 자유낙하를 시작할 때 줄무늬로 나타낸 구형 영역의 부피가 충분히 적으면 아인슈타인의 중력방정식이 적용된다. 시험질량으로 둘러싸인 구형이 축소할 때의 축소가속도는 구 안에 포함되어 있는 질량, 즉 줄무늬로 표시된 구의 질량에 비례한다. 구의 질량은 깊이에 따라 달라지지만 방향은 어떤 방향이든 거의 같기 때문에 시험질량은 모두 같은 속도로 자유낙하한다. 게다가 모두 중심 방향으로 자유낙하하고 있기 때문에 시험질량은 항상 구형 영역을 둘러싸고 있다.

만일을 위해 확인해두자면, 구의 질량 자체는 조금도 움직이지 않는다. 단지 '시험질량'만 움직인다. 원인은 구의 정지한 질량 때문이다.

이번에는 구의 여러 장소에서 일어난 시공간의 휘어짐을 비교해보자.

시간은 중심으로부터의 거리에 따라 각기 다르게 진행되기 때문에 등가
원리를 사용하여 계산한다. 먼저 구와 멀리 떨어진 곳에서 구에 대하여
거의 정지해 있던 우리가 관성운동 상태로 자유낙하한다. 오른쪽부터 그
대로 세로 터널로 들어간다. 이를 **그림 8.2**에서 점선 화살표로 나타냈다.
우리가 중심에 도착했을 때, 시험질량은 자유낙하하기 시작한다. 아직 관
성운동 상태에 있기 때문에 우리의 고유시간은 구와 충분히 떨어져 있는
곳에서 구에 대하여 정지해 있는 것처럼 진행한다.

7.4절에 의하면 우리가 관성운동 상태로 구의 중심을 지나도 아인슈타
인의 중력방정식은 적용된다. 우리에 대하여 시험질량에 둘러싸인 구가
축소할 때의 축소가속도는 구 안에 포함된 질량, 즉 줄무늬로 나타낸 구
의 질량에 비례한다.

이번에는 앞의 구형 영역과 같은 중심을 갖는 구형 영역에서, 조금 큰
구형 영역에도 시험질량의 검은색 구를 놓고 지정한다. 두 영역의 구면
사이에 끼워져 있는 작은 부피의 영역은 **그림 8.3**과 같이 줄무늬로 나
타냈다. 그림이 잘 보이도록 일부러 넓게 그렸는데, 실제로는 충분히
가늘다.

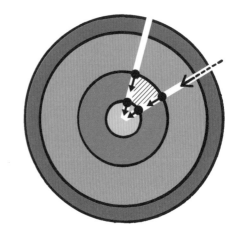

그림 8.3 크기가 거의 같은 구 사
이에 끼워져 있는 좁은 층의 작은
부피가 축소한다.

또한 우리는 구에서 충분히 먼 곳에서 거의 정지해 있는 관성운동 상태로 자유낙하한다. 여기서 다시 아인슈타인의 중력방정식을 사용한다. 서로 정지해 있던 시험질량으로 지정한 부피가 축소할 때의 '축소가속도'는 그 부피 안에 들어 있는 질량에 비례한다. 그것은 방향에 관계없이 임의의 2개의 구에 끼워져 있는 충분히 작은 부피와 같이 적용된다. 따라서 얇은 층 전체로서도 옳다. 이 층을 나타낸 것이 그림 8.4로, 관찰하기 쉽도록 넓게 그렸다.

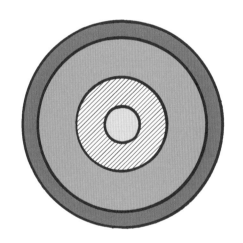

그림 8.4 구 안의 얇은 층. 관찰하기 쉽도록 실제 설정보다 넓게 그렸다.

그림 8.2(p.151)와 그림 8.4의 두 사고실험에서 자유낙하한 우리는 구에서 먼 곳에서, 구에 대하여 거의 정지해 있는 관성운동 상태에서 관측한다. 따라서 그림 8.5에 줄무늬로 나타낸 정지한 시험질량으로 둘러싸인 앞의 두 영역을 합한 구형 영역도 우리에 대하여 이 줄무늬 구형 영역에 들어 있는 질량에 비례하여 축소하기 시작한다.

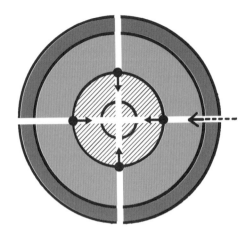

그림 8.5 이전보다 조금 커진 구형
영역이 줄어들기 시작한다.

이와 같이 양파껍질처럼 차례로 얇은 층을 추가한다. 앞에서와 마찬가
지로 생각해보자. 구 전체를 서로 정지한 시험질량으로 영역을 지정해가
면 구형 영역의 초기 축소가속도는 구에 들어 있는 질량에 비례한다.

구형 공동의 평평한 시공간

그림 8.6과 같은 기묘한 행성이 있다. 이 행성은 구로, 그 형태와 중심이
같은 공동이 구 안쪽에 뚫려 있다. 앞에서와 같은 방법으로 생각해보자.
공동 표면에 시험질량을 서로 정지하도록 놓자. 서로 정지해 있는 시험질
량이 공동을 에워싼다. 시험질량으로 둘러싸인 구형 영역의 초기 축소가
속도는 공동에 들어 있는 질량에 비례한다. 그러나 공동에는 질량이 전

혀 들어 있지 않기 때문에 둘러싼 구형 영역은 전혀 줄어들지 않는다. 게다가 이 상황에서는 시험질량에 둘러싸인 영역의 구 형태도 변하지 않기 때문에 시험질량은 전혀 움직이지 않는다. 다시 말해 공동 안에는 중력이 전혀 없다.

우리는 아인슈타인의 중력방정식의 하나인 엄밀해를 발견했다. 이것을 버코프의 정리라 한다.

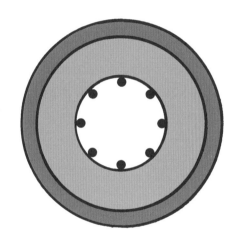

그림 8.6 구 안에 있는 공동의 시공간은 평평하다.

버코프의 정리
구 안에 구와 중심이 같은 구형 공동이 있다면
이 공동 안은 평평한 시공간이다.

8.4 구 밖의 중력

8.2절에 적용한 방법을 '구 밖'에서도 이어가보자. 구 밖에 얇은 양파껍질 같은 구형 영역을 추가로 지정해도 구에 들어 있는 질량은 변하지 않는다. 따라서 다음과 같이 생각할 수 있다.

구와 중심이 같은 구보다 큰 구형 영역을 정지해 있는 시험질량이 에워싼다. 그러면 그 영역의 부피가 줄어들기 시작한다. 초기 축소가속도는 $4\pi \times$ 중력상수 $\times$ 구의 질량이다.

시간과 거리는 구에 대하여 충분히 멀기 때문에 거의 정지한 관성운동 상태로 구를 향하여 자유낙하하면서 관측한다.

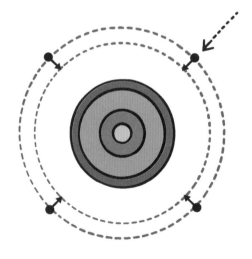

그림 8.7 구 밖의 중심이 구와 같은 구형 영역은 우리가 통과할 때 줄어들기 시작한다. 그림에서는 통과하는 우리를 점선의 화살표로 나타냈다.

이 법칙을 구의 반지름으로 바꿔보자. 그림 8.7에서는 서로 정지한 시험질량을 점선의 큰 구형 영역에 놓았다. 그리고 나서 그 시험질량을 놓아주었더니 자유낙하하기 시작했다. 구에 대하여 충분히 먼 곳에서 거의 정지한 관성운동 상태로 구를 향해 자유낙하하는 우리는 마침 그 시험질량이 자유낙하를 시작할 때 오른쪽 위의 시험질량을 통과한다. 그 짧은 시간 동안 시험질량에 의해 지정된 점선의 구형 영역은 시험질량의 자유낙하로 인해 점선의 작은 구형 영역으로 줄어들었다. 6.5절(p.119~120)의 6번 정리에 따라 자유낙하하는 시험질량에 의해 지정된 점선 구형 영역의 구면과 구면 사이의 거리는 충분히 멀기 때문에 자유낙하한 우리에게는 정확히 그것들의 반지름의 차가 된다. 다시 말해 우리에 대하여 평평한 시공간과 마찬가지로 반지름 자체가 구형 영역의 구면과 구면의 거리와 같도록 줄어들었다.

큰 점선 구형 영역이 작은 점선 구형 영역까지 축소하면 그 사이에 부피가 사라진다. 그림 8.7처럼 사라진 부피는 거의 **점선 구형 영역의 면적×구면 사이의 거리**, 즉 우리에 대하여 **점선 구형 영역의 면적×각각의 구형 영역의 반지름의 차**다. 6.5절의 5번 정리에 의하면, 구형 영역의 면적은 간단히 유클리드 기하학의 $4\pi \times$**반지름의 제곱**이다.

따라서 구형 영역 부피의 초기 축소가속도는 **구형 영역 반지름의 초기 축소가속도×$4\pi \times$반지름의 제곱**이 된다. 초기 축소가속도는 속도의 변화를 나타내기 때문에 반지름이 축소하여 변환되어가는 방향으로의 '가속도'다. 실제로는 반지름이 '축소'하기 때문에 반지름의 초기 축소가속도는 마이너스 가속도를 나타낸다.

결국 아인슈타인의 중력방정식에 의하면, $4\pi \times$ 반지름의 제곱 $\times$ 반지름의 변환 가속도는 $-4\pi \times$ 중력상수 $\times$ 구의 질량이다. 우변과 좌변의 4π를 생략할 수 있기 때문에 반지름의 변환 가속도는 오른쪽과 같다.

$$\left(\begin{array}{c}\text{먼 곳에서 관성운동 상태로} \\ \text{거의 정지한 상태에서 자유낙하하는} \\ \text{관측자의 고유시간으로 측정한} \\ \text{반지름의 변환 가속도}\end{array}\right) = -\frac{(\text{중력상수}) \times (\text{구의 질량})}{(\text{반지름})^2}$$

(8.1)

만일 친구가 어떤 속도로 중심을 향해 자유낙하하면서 우리가 있는 곳을 통과해도 등가원리에 의해 친구와 우리는 여전히 관성운동 상태이기 때문에 둘 사이는 가속되지 않는다. 결국 친구는 우리와 같이 수식 8.1에 따라 구를 향해 가속한다.

반지름 방향으로 가속해도 관측자는 구로 향하는 가속을 '느낄 수 없다'. 왜냐하면 시공간이 '휘어져 있기' 때문에 그림 5.4(p.95)의 우주비행사와 마찬가지로 시공간의 휜 궤도를 따라 자유낙하해도 등가원리에 의해 관성운동 상태를 유지한다. 따라서 가속은 단지 구에 대한 상대적인 가속이다.

슈바르츠실트 엄밀해

구에서 멀리 떨어진 곳에서 관성운동 상태로 거의 정지해 있던 시험질량이 구를 향해 자유낙하한다. 구에 대한 시험질량의 속도를 계산해보자. 먼저 속도 0에서 출발한다. 속도의 시간당 증가율이 바로 '가속도'다. 가속도는 방정식 8.1과 같이 모든 시간마다 반지름으로 조사할 수 있다. 그러면 조금씩 모든 시간마다 반지름의 변화속도를 계산할 수 있다. 이 속도를 알면 6.4절에서 설명했듯이 γ값을 계산하고 구 주변의 시간이 얼마나 휘어져 있는지를 알 수 있다. 계산 결과는 다음과 같다.

$$속도^2 = \frac{2 \times (중력상수) \times (구의 질량)}{(반지름)} \qquad (8.2)$$

다시 앞의 '반지름의 변환 가속도'를 구하는 방정식 8.1로 돌아가보자. 먼저 반지름이 충분히 크면 속도는 충분히 작아지기 때문에 구로부터 충분히 먼 장소에서 거의 정지했다가 그 뒤에 자유낙하하는 경우는 수식 8.2에 해당한다. 이번에는 충분히 짧은 고유시간 동안의 자유낙하를 알아보자. 짧은 순간에도 반지름은 조금 작아진다. 우리는 자유낙하를 하고 있기 때문에 반지름의 차이는 그 순간에 이동한 짧은 거리가 된다. 그러면 다음과 같은 속도와 반지름이 된다.

$$(속도 + 조금 추가된 속도)^2 = \frac{2 \times (중력상수) \times (구의 질량)}{(반지름 - 짧은 거리)} \qquad (8.3)$$

속도의 제곱을 전개해보자.

$$(속도)^2 + 2 \times (속도) \times (조금 \ 추가된 \ 속도) + (조금 \ 추가된 \ 속도)^2$$

$$= \frac{2 \times (중력상수) \times (구의 \ 질량)}{(반지름 - 짧은 \ 거리)}$$

좌변의 속도 제곱을 방정식 8.2의 우변에 놓는다.

$$\frac{2 \times (중력상수) \times (구의 \ 질량)}{(반지름)} + 2 \times (속도) \times \left(\begin{array}{c} 조금 \ 추가 \\ 된 \ 속도 \end{array} \right) + \left(\begin{array}{c} 조금 \ 추가 \\ 된 \ 속도 \end{array} \right)^2$$

$$= \frac{2 \times (중력상수) \times (구의 \ 질량)}{(반지름 - 짧은 \ 거리)}$$

좌변 중앙의 **속도 × 조금 추가된 속도**는 좌변의 오른쪽에 있는 조금 추가된 속도의 제곱보다 훨씬 크기 때문에 조금 추가된 속도의 제곱은 무시할 수 있다.

$$\frac{\cancel{2} \times (중력상수) \times (구의 \ 질량)}{(반지름)} + \cancel{2} \times (속도) \times (조금 \ 추가된 \ 속도)$$

$$= \frac{\cancel{2} \times (중력상수) \times (구의 \ 질량)}{(반지름 - 짧은 \ 거리)}$$

양변의 인수 2는 생략한다. 조금 추가된 속도를 얻기 위해 (반지름 − 짧은 거리)의 역수에서 반지름의 역수를 이끌어낸다.

$$(\text{속도}) \times (\text{조금 추가된 속도})$$

$$= \frac{(\text{중력상수}) \times (\text{구의 질량})}{(\text{반지름} - \textbf{짧은 거리})} - \frac{(\text{중력상수}) \times (\text{구의 질량})}{(\text{반지름})} \qquad (8.4)$$

예컨대 원래의 반지름이 10만 m이고 그 순간에 구를 향해 3m 다가가면, 각 반지름의 역수의 뺄셈은 다음과 같다.

$$\frac{1}{99997} - \frac{1}{100000} = \frac{100000}{99997 \times 10000} - \frac{99997}{99997 \times 10000}$$

$$= \frac{3}{99997 \times 10000} ≒ \frac{3}{100000^2}$$

즉 이것이 짧은 거리 ÷ 반지름의 제곱이 된다. 따라서 (중력상수) × (구의 질량)에 곱하면 방정식 8.4의 우변이 된다.

$$(\text{속도}) \times (\text{조금 추가된 속도}) = (\text{중력상수}) \times (\text{구의 질량}) \times \frac{(\text{짧은 거리})}{(\text{반지름})^2}$$

또한 좌변의 단위시간당 '조금 추가된 속도', 즉 추가된 속도 ÷ 시간은 '가속도'다. 반지름은 그 순간 '짧은 거리'만큼 작아지기 때문에 단위시간당 우변의 '짧은 거리', 즉 짧은 거리 ÷ 시간은 마이너스 '속도'다. 따라서 다음과 같이 바꿔 쓸 수 있다.

$$(\text{속도}) \times (\text{가속도}) = - (\text{중력상수}) \times (\text{구의 질량}) \times \frac{(\text{속도})}{(\text{반지름})^2}$$

양변에 있는 속도를 생략하면 방정식 8.1(p.158)과 같아진다. 따라서 방정식 8.2(p.159)를 이용해 구로부터 충분히 먼 장소에서 관성운동 상태로 거의 정지했다가 자유낙하하는 시험질량의 속도를 정확히 얻을 수 있다. 또한 방정식 8.2에서 속도 γ값도 얻을 수 있다.

$$\gamma = \sqrt{1 - \frac{속도^2}{c^2}} = \sqrt{1 - \frac{2 \times (중력상수) \times (구의\ 질량)}{(반지름) \times c^2}}$$

(8.5)

이것은 아인슈타인의 중력방정식의 중요한 엄밀해 중 하나인 슈바르츠실트 엄밀해다. 구로부터 먼 구에 대하여 거의 정지해 있는 관성운동 상태로 보면 다음과 같다.

슈바르츠실트 엄밀해

구는 주위의 시공간을 다음과 같이 굴절시킨다.

1. 반지름에 정지해 있는 시계는 구에서 충분히 멀리 놓여 있는 시계에 비해 γ값에 비례하여 느려진다.

2. 중심에서 어떤 방향으로 길어지는 반지름의 직선 위의 1개의 점과 같은 직선 위에서 조금 큰 반지름 위에 있는 점의 거리는 2개의 반지름의 차보다 $\frac{1}{\gamma}$ 배 커진다.

3. 반지름에 수직인 가로의 길이는 변하지 않는다.

4. 구와 중심이 같은 원의 원주의 막대 수와 그 반지름의 막대 수의 비례

는 유클리드 기하학과 마찬가지로 2π가 된다. 또한 구와 같은 중심을 갖는 구형의 면적은 유클리드 기하학과 마찬가지로 $4\pi \times$반지름의 제곱이 된다.

5. γ값은 방정식 8.5를 이용해 얻을 수 있다.

뉴턴의 중력법칙

만일 중력이 작용하는 물체가 충분히 작다면 아인슈타인의 중력법칙 대신에 그와 유사한 뉴턴의 중력법칙을 사용한다. 그 경우에 중력이 작용하는 질량에 대하여 먼 곳에서 거의 정지 상태에 있는 시험질량이 자유낙하해도 큰 속도로 가속하지 않는다. 예를 들어 태양의 반지름은 '7×10^8m'이고, 태양의 질량은 '2×10^{30}'이다. 중력상수는 대략 '7×10^{-11} m^3/(kg·s^2)'이다. 수식 8.2(p.159)에 의하면, 먼 곳에서 구에 대하여 거의 정지해 있던 시험질량이 수직으로 태양의 표면까지 자유낙하해도 광속의 0.2%도 되지 않는다. 표 11.1(p.224)의 수치를 넣어 확인해보자.

$$\frac{\text{속도}}{c} = \sqrt{\frac{2 \times (\text{중력상수}) \times (\text{구의 질량})}{(\text{구의 반지름}) \times c^2}} \fallingdotseq$$

$$\sqrt{\frac{2 \times (7 \times 10^{-11}) \times (2 \times 10^{30})}{(7 \times 10^8) \times (3 \times 10^8)^2}} = \sqrt{\frac{2^2}{10^6} \times \frac{10}{9}} \fallingdotseq \frac{2}{1000} \tag{8.6}$$

따라서 γ 값은 거의 1이다.

$$\gamma = \sqrt{1 - \frac{속도^2}{c^2}} \fallingdotseq 0.999998$$

시간은 어디에서든 거의 똑같이 흘러가고, 같은 계측용 막대의 길이는 어디서든 거의 같다. 방정식 8.1(p.158)의 반지름은 중심으로부터의 거리와 비슷하다. 즉 유클리드 기하학이 거의 적용된다. 구에 대한 아인슈타인의 중력방정식 8.1에서 시험질량이 수직인 방향으로 구를 향해 자유낙하하면 상대 가속도는 다음과 같다.

$$\begin{pmatrix} 중심으로부터의 \\ 거리의 \ 변환 \ 가속도 \end{pmatrix} = -\frac{(중력상수) \times (구의 \ 질량)}{(중심으로부터의 \ 거리)^2} \qquad (8.7)$$

이것은 거의 뉴턴의 중력법칙이다. 사실 여기에는 뉴턴역학의 중력법칙과 운동법칙이라는 2개의 법칙이 들어 있다. 제1법칙에 의하면, 구 중심의 무한 속도에서 나오는 힘이 시험질량을 구의 중심으로 '끌어당긴다'. 이때 끌어당기는 힘은 시험질량의 무게에 비례한다.

$$\begin{pmatrix} 시험질량이 \\ 끌어당기는 \ 힘 \end{pmatrix} = -\frac{(중력상수) \times (구의 \ 질량)}{(중심으로부터의 \ 거리)^2} \times (시험질량의 \ 무게)$$

이것이 뉴턴의 중력법칙이다. 동시에 시험질량의 질량은 잡아당기는 힘에 저항한다. 저항은 시험질량의 질량에 비례하기 때문에 가속은 잡아당기는 힘에 반비례한다.

$$가속도 = \frac{(시험질량이\ 끌어당기는\ 힘)}{(시험질량의\ 질량)} \tag{8.8}$$

이것이 뉴턴의 운동법칙이다. 결국 가속은 다음과 같이 구의 중심으로부터의 거리에 의존한다.

$$가속도 = -\frac{(중력상수) \times (구의\ 질량)}{(중심으로부터의\ 거리)^2} \times \frac{(시험질량의\ 무게)}{(시험질량의\ 질량)}$$

뉴턴의 이론에서는 시험질량의 무게와 질량이 '우연히' 완전히 같아서 다시 뉴턴의 **법칙 8.7**(p.164)이 나타난다.

그러나 이 정도로는 물체의 무게와 질량이 완전히 같다는 이유가 명확하지 않다. 일반상대성이론에서 중력은 힘이 아니다. 따라서 물체의 무게와 질량은 아무런 위화감도 없이 완전히 같다. 그래도 아주 큰 질량에 의한 중력의 경우에는 고전적인 뉴턴의 중력법칙과 뉴턴의 운동법칙을 그대로 이용할 수 있다.

제 9 장

일반상대성이론의 활용

알렉산더 프리드먼
1888~1925

프리드먼 모델을 수립한
소련의 우주물리학자이자 수학자, 기상학자

Alexander Friedman

9·1 블랙홀

 거의 구에 가까운 태양의 질량은 약 '$2 \times 10^{30} \mathrm{kg}$'이고, 반지름은 '$7 \times 10^8 \mathrm{m}$'다. 이 두 값이 태양 중력의 세기를 결정한다. 일정한 질량을 가진 천체가 블랙홀이 되기 위한 반지름을 계산해보자.

$$S = \frac{2 \times (중력상수) \times (구의 질량)}{c^2} \qquad (9.1)$$

 'S'를 슈바르츠실트 반지름이라고 한다. 태양의 경우는 다음과 같다.

$$S = \frac{2 \times \left(6.67 \times 10^{-11} \dfrac{\mathrm{m}^3}{\mathrm{kg} \times \mathrm{s}^2}\right) \times (2 \times 10^{30} \mathrm{kg})}{\left(3 \times 10^8 \dfrac{\mathrm{m}}{\mathrm{s}}\right)^2}$$

$$\fallingdotseq 2.96 \times 10^3 \mathrm{m} \fallingdotseq 3000\mathrm{m} \qquad (9.2)$$

3000m인 태양의 슈바르츠실트 반지름은 태양의 반지름보다 매우 작다. 먼 곳에서 구에 대하여 거의 멈춘 시험질량이 수직으로 자유낙하하는 속도의 방정식 8.2(p.159)에 슈바르츠실트 반지름을 적용해본다.

$$\frac{속도^2}{c^2} = \frac{S}{반지름} \qquad (9.3)$$

방정식 8.5(p.162)의 슈바르츠실트 반지름 식에는 γ값이 포함되어 있다.

$$\gamma = \sqrt{1 - \frac{2 \times (중력상수) \times (구의\ 질량)}{(반지름) \times c^2}} = \sqrt{1 - \frac{S}{반지름}}$$

$$(9.4)$$

태양의 경우 γ값은 다음과 같다.

$$\gamma \fallingdotseq 0.999998$$

슈바르츠실트 해에 의하면, 구의 구면에 놓여 있는 시계는 구에서 멀리 떨어진 곳에 놓여 있는 시계에 비해 γ값에 비례하여 느려진다. 반지름은 같아도 구의 질량이 크면 클수록 **슈바르츠실트 반지름÷반지름**은 커지고, 구의 표면 위의 중력도 강해진다.

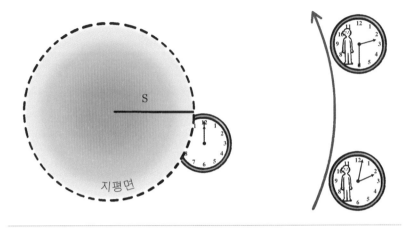

그림 9.1 큰 질량 가까이에 있는 시계는 느려진다. 지평면에서는 외부의 관측자가 측정한 시간이 멈춘다.

만일 구의 반지름이 슈바르츠실트 반지름보다 작아지면 기묘한 일이 일어난다. 그림 9.1을 보자. 슈바르츠실트 반지름 위에 놓인 시계가 구의 밖에 있을 때 γ값은 다음과 같다.

$$\gamma = \sqrt{1 - \frac{S}{S}} = 0$$

구 밖의 먼 곳에서 관측하는 사람이 보면, 이 시계의 시간은 얼어붙어 있다. 그런 상태가 바로 블랙홀이다. 6.8절에서도 블랙홀에 대해 설명했지만, 이번에는 슈바르츠실트 해를 통해 블랙홀의 가능성을 시사했다. 6.8절에서 소개한 지평면은 블랙홀과 중심이 같고, 슈바르츠실트 반지름과 같은 반지름을 갖는 구면이다.

블랙홀 외부의 중력은 보통의 구와 다르지 않다. 그러나 수식 9.2

(p.171)에 의해 태양의 반지름이 3km 이하로 줄어들면 블랙홀이 되어 버린다. 그러나 태양계의 행성은 여전히 같은 궤도를 따라 태양 주위를 공전하고 있다.

이론적으로는 어떤 물체든 충분히 축소하면 블랙홀이 될 가능성이 있다. 물론 이것은 물체의 구성에 따라 달라진다. 주변에 있는 돌을 '그대로' 압축한다고 해서 블랙홀이 되지는 않는다. 2009년까지의 관측 자료에 의하면, 가장 가벼운 블랙홀의 질량은 대략 태양의 3배 정도의 질량을 갖는다. 무거운 블랙홀은 은하의 중심에 위치해 있으며 주위의 별을 끌어들인다. 은하의 중심에 별을 먹는 괴물이 있는 셈이다. 은하 중심에 있는 블랙홀의 질량은 태양 질량의 300만 배가 넘는다.

빛의 굴절: 약한 중력 1

6.7절에서 빛은 근처에 있는 무거운 질량으로 굴절한다고 설명했다. 빛은 얼마나 굴절될까?

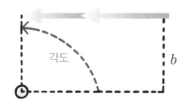
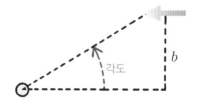

그림 9.2 가벼운 구 옆을 지나는 빛은 직선 경로를 따라 진행한다.

빛을 오른쪽에서 왼쪽으로 쏜다. 그림 9.2를 보자. 노란색 실선으로 나타낸 것이 빛이다. 다른 점선은 이해를 돕기 위해 그린 것이다. 회색 원은 매우 가벼운 구를 나타낸다. 빛이 구의 가장 가까운 곳을 지날 때 구에서 빛까지의 최소거리는 b다. 구는 매우 가벼워서 중력의 영향을 그다지 받지 않는다. 따라서 빛은 그대로 직선을 따라 통과한다. 빛의 경로와 점선 사이의 각도를 잰다. 오른쪽 매우 먼 곳에서의 각도는 한없이 0에 가까워진다. 빛이 다가감에 따라 각도는 커진다. 그림 9.2의 왼쪽 그림처럼 빛이 가장 가까운 곳에서는 각도가 90°다. 게다가 왼쪽으로 나아가면, 그림 9.3처럼 각도가 180°에 한없이 가까이 다가간다.

먼저 가벼운 구의 경우, 각도는 어떻게 커지는 것일까? 이 책에서는 이러한 각도를 경축각도輕軸角度라 한다. 그림 9.4는 예컨대 1밀리초 사이의 경축각도가 증가하는 모습을 나타낸 것이다. 그사이에 경축각도는 파란색 점선의 화살표로 나타냈다.

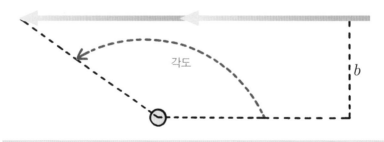

그림 9.3 통과하는 빛의 각도는 최종적으로 180°에 한없이 가까이 다가간다.

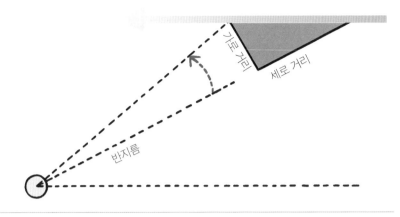

세로 거리

가로 거리

반지름

그림 9.4 예컨대 점선의 각도는 1밀리초 동안 경축각도가 증가한 부분이다. 위 그림은 관찰하기 쉽도록 녹색 삼각형을 확대하여 그린 것이다.

그렇다면 증가 경축각도는 어느 정도의 크기가 되는 것일까? **증가 경축각도 ÷ 360°의 비율은 가로 거리 ÷ 원주의 비율이다.**

$$\frac{증가\ 경축각도}{360°} = \frac{가로\ 거리}{2\pi \times 반지름} \tag{9.5}$$

다음의 그림 9.5에서는 무거운 구를 놓는다. 그러면 빛은 오른쪽에서 왼쪽으로 통과하면서 각도가 $180°$보다 올라간다. 즉 빛이 '굴절한다'. 이 과잉분의 곡선각도를 **슈바르츠실트 엄밀해**로 계산해보자.

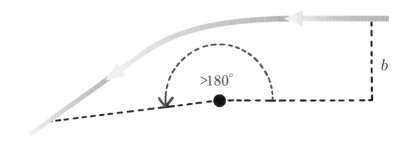

그림 9.5 무거운 구 옆을 지나는 빛은 휜다.

슈바르츠실트 엄밀해(p.164)의 2번 정리에 의해 **그림 9.4**의 녹색 삼각형이 변형한다는 것을 알았다. 가로 거리는 변하지 않지만, 세로 거리는 $\frac{1}{\gamma}$ 값에 비례하여 확대된다. 삼각형 주변의 공간을 평평하다고 가정하기 위해 가로 거리도 마찬가지로 확대하자.

$$\text{가로 거리} \rightarrow \text{가로 거리} \div \gamma \qquad (9.6)$$

시간도 '휘어진다'. 빛이 녹색 직각삼각형의 빗변을 빛 'c'로 통과한다. 그러나 구로부터 충분히 먼 곳에서 구에 대하여 거의 정지한 관성운동 상태로 관찰하는 우리에 대하여 시간의 매순간이 γ배로 줄어든다.

$$\text{시간} \rightarrow \text{시간} \times \gamma \qquad (9.7)$$

시간의 반지름당 가로 거리는 각도의 증가에 비례하기 때문에 다음과 같이 커진다.

$$\frac{\text{가로 거리}}{\text{시간} \times \text{반지름}} \quad \rightarrow \quad \frac{\dfrac{\text{가로 거리}}{\gamma}}{(\text{시간} \times \gamma) \times \text{반지름}}$$

$$= \frac{\text{가로 거리}}{\text{시간} \times (\text{반지름} \times \gamma^2)} \tag{9.8}$$

이처럼 시공간의 작은 부분은 평평하다고 생각할 수 있다. 구가 무거우면 시간당 증가 각도는 γ^{-2}에 비례하여 커진다. 바꿔 말하면 빛은 굴절한다. 이 경우 **그림 9.4**(p.173)의 빛은 실제로 그린 직선을 따르지 않기 때문에 이 그림은 정확하지 않다.

그럼에도 만일 빛이 그다지 크게 굴절하지 않으면 이 그림을 그대로 사용할 수 있다. 즉 질량이 크지 않은 구를 생각하자. 그 경우, 빛 주변의 시공간을 평평하다고 생각할 수 있도록 수정한다면 곡률각도를 계산할 때 유클리드 기하학을 그대로 사용할 수 있다. 물리학에서는 이와 같은 계산 방법을 섭동론이라 한다. 방정식 9.8의 두 번째 식에 의하면 가로 거리와 시간을 변환하는 대신에 반지름만 γ^2배로 줄어들어도 좋다.

그렇다면 반지름이 계수 γ^2에 비례하여 줄어든다고 생각해보자. 이 계수에 **슈바르츠실트 해 9.4**(p.169)를 적용한다.

$$\text{반지름} \rightarrow (\text{반지름}) \times \gamma^2 = (\text{반지름}) \left(1 - \frac{S}{\text{반지름}} \right) = \text{반지름} - S \tag{9.9}$$

이 식은 곡률각도를 계산하기 위해 반지름에서 슈바르츠실트 반지름 S를 뺀다는 것을 뜻한다. **그림 9.6**의 왼쪽 그림을 보자. 질량이 작은 구의 경우, 빛은 순식간에 점 B에서 점 A까지 지나간다. 증가 각도는 **그림 9.4**(p.175)와 같이 파란색 점선의 화살표가 된다. 이러한 증가 각도를 구의 중심에서 측정했다.

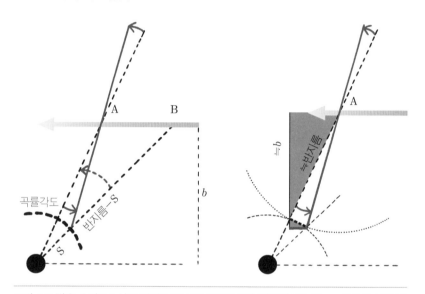

그림 9.6 빛은 슈바르츠실트 반지름에서 뺀 반지름에만 영향을 받는다. 그 영향에 의해 빛은 굴절한다. 관찰하기 쉽도록 검은색 구의 슈바르츠실트 반지름을 구의 반지름보다 크게 그렸다. 질량이 그다지 크지 않은 구의 경우에는 b의 반지름도 슈바르츠실트 반지름보다 훨씬 크기 때문에 오른쪽 그림에서 큰 녹색 삼각형의 좌변은 거의 b이고 우변은 거의 반지름이 된다.

더 무거운 구의 경우, 반지름을 **반지름$-S$**로 축소한다. 다시 말해 구의 중심이 아니라 슈바르츠실트 반지름에서 각도를 측정한다. 그러면 점 A를 지나는 붉은색 선처럼 된다. 붉은색 선은 교차하는 점선보다 붉은색 '곡률각도'가 많이 회전한다. 붉은색 곡률각도는 오른쪽 그림의 파랗고 굵은 수평 실선의 길이에 비례하여 위로 올라간다는 것을 증명한다.

오른쪽 그림의 작은 녹색 삼각형의 파랗고 굵은 수평 실선은 큰 녹색 삼각형 좌변의 실선 b와 교차한다. 작은 녹색 삼각형의 가장 길고 굵은 점선은 중심이 거의 A의 점선 원 부분이기 때문에 반지름에 직교한다. 그리고 작은 녹색 삼각형의 세로 방향의 가장 짧은 변은 큰 녹색 삼각형의 가장 짧은 변과 직교한다. 만일 작은 녹색 삼각형을 시계 방향으로 $90°$ 회전시켜 확대하면 큰 녹색 삼각형과 같아진다. 결국 작은 삼각형과 큰 삼각형의 각 변의 길이는 비례한다. 따라서 다음과 같이 정리할 수 있다.

$$\frac{\text{파랗고 굵은 수평 실선}}{b} = \frac{\text{굵은 점선}}{\text{반지름}} \qquad (9.10)$$

굵은 점선도 거의 중심이 A인 점선의 원주 $2\pi \times$ 반지름의 붉은색 '곡률 각도' 부근의 부분이기 때문에 **굵은 점선 ÷ 점선 원주는 곡률각도 ÷ 전체 각도 $360°$**가 된다.

$$\frac{\text{곡률각도}}{360°} = \frac{\text{굵은 점선}}{2\pi \times \text{반지름}}$$

양변에 2π를 곱하면 다음과 같다.

$$2\pi \times \frac{\text{곡률각도}}{360°} = \frac{\text{굵은 점선}}{\text{반지름}} \qquad (9.11)$$

수식 9.10과 수식 9.11의 우변이 같기 때문에 좌변도 같아진다. 역시 '곡률각도'는 파랗고 굵은 수평 실선에 비례하여 증가한다.

$$\frac{\text{파랗고 굵은 수평 실선}}{b} = 2\pi \frac{\text{곡률각도}}{360°}$$

그림 9.7에서는 빛이 오른쪽에서 왼쪽으로 이동하면서 수평한 파랗고 굵은 선이 0에서 점선 원의 지름 $2S$로 증가한다.

$$\frac{2S}{b} = 2\pi \frac{\text{전체 곡률각도}}{360°}$$

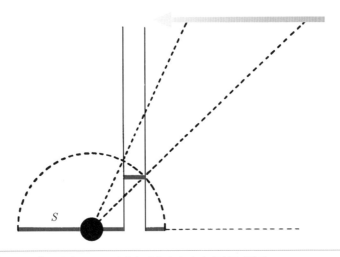

그림 9.7 '곡률각도'는 파랗고 굵은 실선인 평행선에 비례하여 증가한다.

인수 2는 생략한다. 수식의 양변에 $\frac{360}{\pi}$을 곱하면 빛의 전체 곡률각도는 다음과 같다.

$$\frac{360}{\pi} \times \frac{S}{b}^{\circ} = \text{전체 곡률각도} \qquad (9.12)$$

가장 작은 조준 매개변수 b일 때 가장 큰 결과가 나온다. 태양의 반지름을 조준 매개변수 b로 하여 태양을 계산해보자. 다시 말해 태양 표면에 접한 빛이 굴절하는 각도를 계산하자. 표 11.1(p.224)에 수치를 넣어 60을 곱하면 분각이 단위가 되고, 다시금 60을 곱하면 초각을 단위로 할 수 있다.

$$\text{굴절한 각도} \fallingdotseq \frac{360}{\pi} = \frac{2.96 \times 10^3}{6.96 \times 10^8} \times 60 \times 60 \fallingdotseq 1.75\textbf{초각} \qquad (9.13)$$

이 값은 그야말로 오랜 세월 동안 반복하여 측정한 결과다.

정확한 곡률각도를 얻기 위해서는 세 가지가 필요하다.

❶ 구의 주변 공간이 휘어져 있다.

❷ 구 근처에 놓여 있는 시계는 구에서 먼 장소에 놓여 있는 시계보다 느리게 진행한다.

❸ 관측자에 대하여 빛은 언제나 속도 c로 통과한다.

만일 공간이 휘어져 있는 것만 생각하면 위 계산에서 수식 9.7(p.174)을 무시하고, 수식 9.8(p.175)로 나타낸 반지름의 변환은 γ^2배가 아니라 γ배가 되어 관측한 값보다 곡률각도는 작아지고 만다. 따라서 공간뿐 아니라 '시공간'의 휘어짐과 빛의 절대성이 반드시 필요하다.

케플러의 법칙

중력이 약하고 상대속도가 느린 경우에는 8.6절에서 설명한 대로 뉴턴의 법칙을 사용할 수 있다. 뉴턴의 법칙을 이용하면 유명한 케플러의 제3 법칙을 설명할 수 있다. 대부분의 행성은 케플러의 법칙에 따라 태양 주위를 돈다.

❶ 행성은 타원궤도를 따라 태양 주위를 돈다. 태양은 그 타원의 초점 중 하나에 위치해 있다.

❷ 태양에서 행성에 이르는 직선은 일정한 시간 동안에 늘 같은 면적을 그린다. 그림 9.8을 참고하자.

❸ 행성의 공전주기의 제곱은 타원의 장축의 길이, 즉 그림 9.8의 수평한 지름의 절반의 세제곱에 비례한다. 비례상수는 $4\pi^2 \div$ (중력상수) ×태양 질량이다.

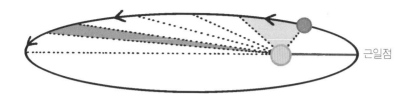

근일점

그림 9.8 노란색 원이 태양으로, 타원의 오른쪽 초점에 있다. 갈색 원이 행성. '근일점'은 행성이 태양에 가장 가까이 다가가는 점이다. 점선의 직선은 일정 시간마다 진행한 행성의 위치를 나타낸다. 옅은 녹색 삼각형과 진한 녹색 삼각형의 면적은 같다. 즉 행성은 태양에 다가감에 따라 빨리 움직이고, 태양에서 멀어짐에 따라 느리게 움직인다.

여기서 케플러의 제3법칙만 간단히 설명한다. 타원이 거의 원에 가까워지는 경우만 생각한다. 이때 '장축'은 그냥 '반지름'이다. 이 경우 케플러의 법칙을 다음과 같이 간단히 정리할 수 있다.

행성의 공전주기의 제곱은 원의 반지름의 세제곱에 비례한다.

비례상수는 $\dfrac{4\pi^2}{(\text{중력상수}) \times (\text{태양 질량})}$ 이다.

예컨대 지구에서 태양까지의 거리는 '$1.5 \times 10^{11}\text{m}$'다. 태양의 질량은 '$2 \times 10^{30}\text{kg}$'이고, 중력상수는 '$6.67 \times 10^{-11}\text{m}^3/(\text{kg} \cdot \text{s}^2)$'이다. 태양의 중력은 강하지 않기 때문에 지구 궤도의 반지름으로서 지구에서 태양까지의 거리를 사용할 수 있다. 따라서 공전주기의 길이는 대략 다음과 같다.

$$\text{공전주기} = \sqrt{4\pi^2 \frac{(1.5 \times 10^{11})^3}{(6.67 \times 10^{-11}) \times (2 \times 10^{30})}} \fallingdotseq 3.16 \times 10^7 \text{초}$$

확인해보자. 지구의 공전주기, 즉 1년은 윤년을 고려하면 365.25 일이다. 하루는 24시간이고 1시간은 '60×60'초이기 때문에 1년은 '365.25×24×60×60 ≒ 3.16×10^7'초가 된다.

그렇다면 아인슈타인의 중력방정식에서 케플러의 법칙을 어떻게 발견할 수 있을까? 먼저 적어도 태양에 가까이 있는 행성은 태양보다 훨씬 가볍기 때문에 행성 자체가 시험질량이라 생각할 수 있다. 이번에는 태양을 구라고 가정하자. 어째서 그런 시험질량이 원을 따라 태양 주위를 도는 것일까? 그림 9.9의 왼쪽 그림을 보자. 상자는 자유낙하하고 있다. 상자 안의 수평한 화살표는 수평 방향으로 일정한 속도로 오른쪽으로 움직이는 시험질량을 나타낸다. 수직 방향의 화살표는 구에 대한 상대적인 가속을 표시한다.

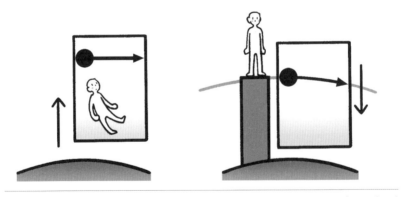

그림 9.9 시험질량이 적당한 수평속도로 움직이면 원을 따라 구의 주위를 돈다. 그 때문에 힘이 아니라 그저 휘어져 있는 시공간이 필요해진다.

오른쪽 그림에서는 우리가 어떤 발판 위에 서서 상자 안에서 일어나는 시험질량의 운동을 보고 있다. 상자가 점차 빠르게 낙하하는 것이 보인다. 시험질량은 '휘어져 있는' 궤도를 따라 오른쪽으로 진행하면서 점차 아래로도 움직인다. 그림 6.10(p.122)의 빛과 비슷하다. 만일 수평속도와 맞으면 시험질량은 같은 높이에서 구의 주위를 원 궤도를 따라 돈다. 결국 행성이 태양 주위를 도는 원인은 휘어진 시공간 때문이다.

그렇다면 원운동 하기에 적당한 속도를 아인슈타인의 중력방정식으로 계산해보자. 여기서 뉴턴의 중력법칙은 전혀 필요하지 않다.

우리는 그림 9.10과 같이 구에서 멀리 떨어져 구에 대하여 거의 정지해 있는 관성운동 상태로 행성이 짧은 시간 동안 운동하는 것을 관측한다. 그 짧은 시간에 행성은 원을 따라 어떤 거리를 나아간다. 그것은 슈바르츠실트 엄밀해(p.162)의 3번 정리에 따라 우리가 관측한 가로 거리와 같이 대략 왼쪽 그림의 가로 거리다. '거리'는 속도×시간이기 때문에 행성은 속도×짧은 시간을 나아간다.

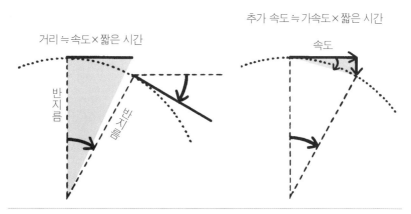

그림 9.10 순간마다, 즉 짧은 시간마다 행성의 위치와 속도는 같은 각도씩 구부러지기 때문에 행성은 원을 따라 움직인다.

그 짧은 시간에 **그림 9.10**과 같이 행성의 위치는 작은 각도로 조금씩 휘어진다. **슈바르츠실트 엄밀해**(p.162)의 4번 정리에 따라 구와 중심이 같은 원의 원주는 휘어진 시공간 안에서도 $2\pi \times$**반지름**이다. 마찬가지로, 이 작은 각도는 가로 거리와 반지름의 비율에 비례한다.

이번에는 가속의 변화를 생각해보자. 짧은 시간에 추가하는 속도는 대략 세로 방향이다. 가속도는 **추가 속도÷시간**이기 때문에 추가 속도는 세로 방향의 **가속도×짧은 시간**이 된다.

여기서 중요한 점은 다음과 같다.

행성이 그대로 원을 따라 움직이기 때문에 추가 속도의 방향이 위치 방향과 일치하도록 짧은 시간마다, 즉 순간순간 작은 각도로 똑같이 돌아야 한다. 따라서 왼쪽 그림의 녹색 삼각형의 가장 짧은 변과 그것과 직각을 이루는 변의 비례 그리고 오른쪽 그림의 녹색 삼각형의 가장 짧은 변과 그것과 직각을 이루는 변의 비율은 같아진다.

$$\frac{\text{속도} \times \text{짧은 시간}}{\text{반지름}} = \frac{\text{가속도} \times \text{짧은 시간}}{\text{속도}}$$

좌변과 우변의 '짧은 시간'은 생략할 수 있기 때문에 속도가 어떻게 가속도에 의존하는지를 분명히 알 수 있다.

$$\text{속도}^2 = (\text{가속도}) \times (\text{반지름})$$

우리는 구에 대하여 충분히 먼 곳에서 거의 정지해 있는 관성운동 상태에서 관측한다. 그에 따라 가속도는 구에서 이용한 아인슈타인의 **중력방적**

식 8.1(p.158)으로 구할 수 있기 때문에 행성이 어떤 반지름의 원을 따라 이동하는 속도는 다음과 같이 된다.

$$\text{속도}^2 = \frac{(\text{중력상수}) \times (\text{구의 질량})}{\text{반지름}} \tag{9.14}$$

그림 9.10 안의 수직 방향의 속도를 '플러스'로 가정했기 때문에 **방정식 8.1**의 '마이너스 기호'는 무시한다. **슈바르츠실트 반지름 9.1**(p.168)을 사용하여 다시 정리하면 다음과 같다.

$$\frac{\text{속도}^2}{c^2} = \frac{1}{2} \times \frac{S}{\text{반지름}} \tag{9.15}$$

이것은 다시 한 번 확인하건대 일반상대성이론의 엄밀한 결과다.

또한 속도는 시간당 이동거리다. 행성은 공전주기 사이에 원주를 한 바퀴 돈다. **슈바르츠실트 엄밀해의 4번 정리**에 의하면, 거리는 $2\pi \times$**반지름**이기 때문에 **방정식 9.14**에서 다음의 식을 얻을 수 있다.

$$\frac{4\pi^2 \times (\text{반지름})^2}{(\text{공전주기})^2} = \frac{(\text{중력상수}) \times (\text{구의 질량})}{\text{반지름}}$$

공전주기를 풀어보자.

$$\frac{4\pi^2 \times (\text{반지름})^3}{(\text{중력상수}) \times (\text{구의 질량})} = (\text{공전주기})^2 \tag{9.16}$$

이것이 케플러의 제3법칙이다. 즉 구에서 멀리 떨어진 곳에서 거의 정지해 있는 관성운동 상태에서 관측한 행성의 공전주기와 슈바르츠실트 엄밀해의 반지름을 사용하면 케플러의 제3법칙을 일반상대성이론 중에서도 중요한 법칙으로 사용할 수 있다.

9.4 행성의 궤도가 구부러진다: 약한 중력 2

앞절 첫 부분에서 설명한 케플러의 제1법칙에 의하면, 행성은 타원 궤도를 따라 태양 주위를 돌고 있는데, 실제로는 완벽한 타원이 아니다. 행성 자신의 중력으로 서로 영향을 주기 때문에 타원의 형태는 조금 일그러진다. 이것은 관측하기 어려운 현상이다. 그러나 그러한 일그러짐은 공전주기를 거듭할 때마다 집적되어 간다.

그림 9.11은 점차 타원 자체가 태양에 의해 휘어지는 현상을 강조하여 나타낸 것이다.

천문학에서는 행성이 태양에 가장 근접하는 점을 '근일점'이라고 한다. 그림 9.8(p.181)처럼 행성이 태양을 한 바퀴 돈 뒤 다시 태양에 다가가면 근일점은 전보다 좀 더 진행되어 있다. 이것이 유명한 근일점 이동이다.

수학자나 물리학자가 미적분을 개발한 주요 목적은 행성이 서로에게 미치는 미묘한 영향을 뉴턴의 중력법칙을 이용해 계산하기 위해서였다. 계산방법 중 하나는 선택한 행성이 다른 행성에게서 받은 영향을 '빼는'

것이다. 그리고 그런 고독한 상태로 설정한 행성이라면 뉴턴의 중력법칙에 의해 완벽한 타원을 따라 태양 주위를 돌아야 한다. 왜냐하면 태양은 거의 구이기 때문이다.

그러나 실제로 고독한 행성이 공전하는 타원 궤도는 태양을 조금 더 돌아 이전 궤도에서 벗어나고 만다. 그런데 뉴턴의 중력법칙은 아인슈타인의 중력방정식의 근사이기 때문에 어쩌면 이러한 '근일점 이동'을 일반상대성이론으로 설명할 수 있지 않을까?

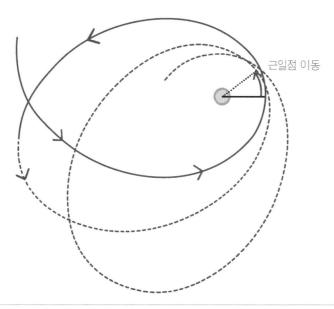

근일점 이동

그림 9.11 행성이 공전하는 타원 궤도를 따라 돌고, 그 타원 궤도 자체도 태양 주위를 돌기 때문에 타원의 형태는 제대로 닫히지 않는다. 여기서는 쉽게 이해할 수 있도록 태양의 100만 배 무게로 계산한 궤도를 그렸다.

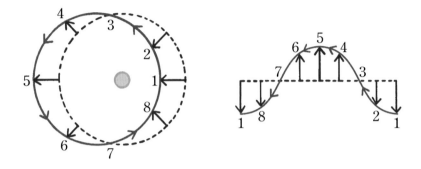

그림 9.12 (왼쪽) 구는 점선 원의 중심에 있다. 실선 타원은 거의 원형에 가까운 타원이다. 화살표는 실선 타원과 점선 원의 차이를 나타낸다. 점 1에서 시험질량이 근일점을 지난다. (오른쪽) 점선 원의 궤도를 수평선으로 그렸을 때의 실선 타원의 궤도.

먼저 계산하기 위해 아인슈타인의 중력방정식 대신에 뉴턴의 중력법칙, 즉 케플러의 법칙만 사용해보자. 그 경우 시험질량인 행성은 구 주위에서 완전한 타원 궤도를 따라 이동한다. 간단히 하기 위해 그 타원은 원과 거의 다르지 않은 상태라 가정해보자.

그림 9.12에서 실선으로 나타낸 타원은 원형에 가까운 모양이다. 그러나 구는 실선 타원의 중심이 아니라 점선 원의 중심에 있다.

시험질량이 근일점인 점 1에서 ― 태양에서 보았을 때 '가로 방향'으로 출발하여 ― 실선 타원 궤도를 따라 이동한다. 그와 동시에 점선 원 주위를 '오간다'. 점 2에서는 점선에 좀 더 다가갔다. 점 3에서는 점선 원과 일단 교차하고 다시 멀어진다. 그리고 다시 점 1을 출발할 때와 동일한 속도로 점선과 같은 방향을 향해 통과한다.

9.3절에서 설명했듯이 점선을 따라 회전하는 행성의 주기는 케플러의

제3법칙(9.16, p.185)에 의해 결정된다. 바꿔 말하면, 만일 뉴턴의 중력법칙이 정확하다면 케플러의 제3법칙에 의해 오가는 주기도 정할 수 있을 것이다.

그런 다음 9.3절에서 설명한 케플러의 제3법칙과 마찬가지로 구에서 멀리 떨어진 곳에서 거의 정지한 관성운동 상태에서 시공간의 휘어짐을 검토하고, 오가는 주기의 변환을 계산하자. 9.2절과 같이 구가 그다지 무겁지 않다면 근사로서 섭동론을 사용하여 점선 원 주위의 시공간을 평평하게 한다.

그림 9.12의 화살표는 반지름과 같은 방향을 표시한다. 화살표의 길이를 반지름의 일부로 측정한다. **슈바르츠실트 엄밀해**(p.162)의 4번 정리에 의하면, 화살표의 길이는 화살표 끝에서 구를 중심으로 한 원의 반지름과 그 반대쪽 끝에서 구의 중심을 중심으로 한 원의 반지름의 차를 γ^{-1}배로 잡아 늘린 값이다. 시간은 우리가 구에서 멀리 떨어져 구에 대하여 거의 정지한 관성운동 상태에 대하여 γ값에 비례하여 느리게 진행한다. 이 반지름과 같은 방향의 변환속도는 **반지름의 일부**÷**시간**이기 때문에 $\dfrac{\left(\frac{1}{\gamma}\right)}{\gamma} = \gamma^{-2}$에 비례하여 증가한다.

그 대신에 모든 세로 방향의 거리를 점선 원의 γ^{-2}로 연장하는 경우에는 시간을 변경하지 않으면 점선 원 근처의 세로 방향 화살표의 변환속도는 똑같이 증가한다. 물론 다른 반지름의 주변 공간의 기하학은 옳지 않지만, 점선 원 부근의 공간은 평평했다. 시간은 어디에서든 거의 같은 방향으로 나아가고 중력은 그다지 강하지 않기 때문에 오가는 주기를 계산하기 위해 다시 케플러의 제3법칙을 사용할 수 있다. 그러나 케플러의 제3법칙의 반지름을 γ^{-2}로 늘려야 한다. 따라서 (반지름)^{3}은 $(\gamma^{-2})^3 = (\gamma^{-3})^2$배 커진다. 케플러의 제3법칙에 의하면, 이것은 (기간)^{2}에 비례한다. 결국 주기 자체는 γ^{-3}배 확대된다.

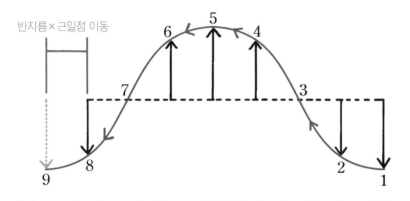

그림 9.13 시험질량은 실선 타원 위를 이동하면서 점선 원의 주위를 오간다. 오가는 주기는 점선 원을 이동하는 시험질량의 주기보다 길기 때문에 근일점을 다시 지나는 사이에 360°보다 크게 회전한다.

따라서 그림 9.13과 같이 근일점 1에서 출발해 다시 근일점 9를 통과하면 시험질량은 $(360 \times \gamma^{-3})°$ 회전한다. 이로써 **슈바르츠실트 해 9.4**(p.162)에서 γ^2이 1과 얼마나 다른지 알 수 있다.

$$\gamma^2 = 1 - \frac{S}{\text{반지름}}$$

태양계에서는 γ값이 거의 1이기 때문에 **부록 11.3**(p.229)에서 설명한 근사를 사용할 수 있다. 먼저 γ^2이 1보다 얼마나 작아지는지는 $\dfrac{S}{\text{반지름}}$

로 알 수 있기 때문에 γ 자체는 그 정도의 약 절반, 즉 1보다 작다고 계산할 수 있다. 다음에 γ^{-3}이 그 정도의 3배, 즉 1보다 크다고 계산할 수 있다. 결국 근일점은 매년 다음과 같은 각도로 이동한다.

$$근일점\ 이동 = 360° \times \frac{3}{2} \times \frac{S}{반지름} \qquad (9.17)$$

이것은 태양에 가까운 행성에서 그 효과가 커진다.

지구에서 확인해보자. 지구 궤도는 거의 원형이기 때문에 공식 9.17을 그대로 사용할 수 있다. 지구와 태양의 거리는 대략 1.5×10^{11}m다. 태양의 중력은 그리 강하지 않기 때문에 거리는 거의 반지름이 된다. 따라서 매년 근일점 이동은 다음과 같아진다.

$$360 \times \frac{3}{2} \times \frac{2.96 \times 10^3}{1.5 \times 10^{11}} \fallingdotseq 1.066 \times 10^{-5°}$$

100년 동안은 이것의 100배인 $1.066 \times 10^{-3°}$로 집적된다. 60을 곱하면 분이 단위가 되고, 다시 60을 곱하면 초가 단위가 된다.

100년간 3.8초

이것은 천문학자가 관측한 수치와 일치한다.

블랙홀 부근의 강한 중력

9.2절과 9.4절에서 약한 중력에 의한 효과에 대해 설명했다. 한 예로 '태양의 슈바르츠실트 반지름 S≒3000m'는 '태양 반지름≒6.96×10^8m'보다 훨씬 작기 때문에 통과하는 빛이나 행성, 태양 중심과의 거리보다 훨씬 작다. 또한 태양의 원형 궤도를 따라 자유낙하하면서 도는 시험질량의 속도와 광속과의 비의 제곱은 **케플러의 법칙 9.15**(p.185)에 의하면 슈바르츠실트 반지름과 궤도의 반지름의 비의 절반이 된다.

$$\frac{속도^2}{c^2} = \frac{1}{2} \times \frac{S}{반지름} \qquad (9.18)$$

예를 들어 표 11.1(p.224)에서 지구의 공전 반지름을 평균거리 1.50×10^{11}m로 하여 지구가 태양을 돌고 있는 속도를 계산하면 다음과 같다.

$$\frac{속도}{c} \risingdotseq \sqrt{\frac{3 \times 10^3}{2 \times 1.5 \times 10^{11}}} = 10^{-4} = \frac{1}{1만}$$

역시 빛의 속도보다 훨씬 느린 속도다.

케플러의 법칙 9.18에 의하면, 시험질량은 구로 다가갈수록 빨리 돈다. 만일 구가 블랙홀이라면, 시험질량은 자유낙하하면서 원형 궤도를 따라 얼마나 빨리 블랙홀 주위를 돌까? 케플러의 법칙에 나온 시험질량의 속도는 구에서 충분히 멀리 떨어진 곳에서 관성운동 상태로 거의 정지한 우리의 고유시간에 의한다. 우리에 대하여 어떤 질량이라도 빛의 속도보다 빨리 우리 곁을 통과할 수 없다. 우리가 관성운동 상태인 채로 시험질량이 우리 곁을 통과하기 위해 우리는 구를 향해 자유낙하한다. 우리는 자유낙하하는 동안에도 여전히 관성운동 상태다.

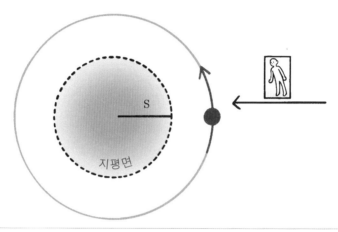

그림 9.14 시험질량은 블랙홀 근처까지 자유낙하하면서 원형 궤도를 따라 블랙홀 주변을 돌 수 있을까?

출발시각을 적당히 선택한다. 그러면 그림 9.14와 같이 시험질량이 우리 옆을 통과한다.

우리에 대하여 붉은색 시험질량의 통과 속도인 붉은색 '가로' 성분은 그 시험질량이 블랙홀을 도는 케플러 법칙의 속도 9.18이다.

$$\frac{\text{가로 속도}^2}{c^2} = \frac{1}{2} \times \frac{S}{\text{반지름}} \qquad (9.19)$$

통과 속도의 '세로' 성분은 우리와 블랙홀의 **상대속도 9.3**(p.168)이다.

$$\frac{\text{세로 속도}^2}{c^2} = \frac{S}{\text{반지름}} \qquad (9.20)$$

우리의 고유시간은 먼 곳에서 출발했을 때처럼 케플러의 법칙이 성립하는 고유시간이기 때문에 모든 통과 속도는 피타고라스의 정리를 이용해 **그림 9.15**와 같이 간단히 계산할 수 있다.

$$\frac{(\text{전체 속도})^2}{c^2} = \frac{1}{2} \times \frac{S}{\text{반지름}} + 1 \times \frac{S}{\text{반지름}} = \frac{3}{2} \times \frac{S}{\text{반지름}} \qquad (9.21)$$

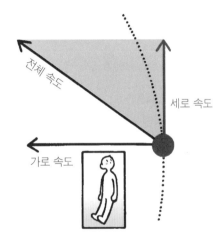

그림 9.15 전체 통과 속도는 피타고라스의 정리로 계산할 수 있다.

시험질량은 우리를 빛의 속도보다 느린 속도로 통과하지 않으면 안 된다. 따라서 수식 9.21의 좌변은 1보다 작아야 한다. 즉 우변으로부터 블랙홀을 원형 궤도에 따라 자유낙하하면서 도는 시험질량은 적어도 슈바르츠실트 반지름의 1.5배 반지름의 원을 돌아야 한다. 그런데 슈바르츠실트 반지름의 1.5배인 반지름에서는 수식 9.21에 의하면 빛은 원형의 궤도로 블랙홀을 돈다.

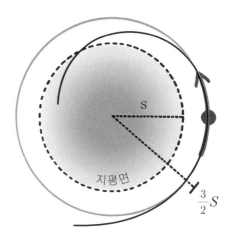

그림 9.16 자유낙하하면서 블랙홀 옆으로 다가가는 시험질량은 슈바르츠실트 반지름의 1.5배보다 작은 반지름에서는 모든 '지평면'을 통과하여 블랙홀의 영역으로 빠져들고 만다.

자유낙하하고 있는 시험질량이 블랙홀의 중심으로부터 슈바르츠실트 반지름의 1.5배보다 작은 반지름까지 다가가면 필연적으로 블랙홀의 영역으로 떨어지고 만다. 왜 그런 것일까? 만일 그렇지 않으면 시험질량의 궤도는 블랙홀의 중심과 그 궤도의 최단거리의 점을 통과한다. 그림 9.16에서는 붉은색 시험질량이 때마침 그 궤도의 최단거리를 통과하고 있다. 여기서 자유낙하하면서 블랙홀의 영역으로 떨어지고 싶지 않다면, 적어도 이 반지름의 회색 선 원형 궤도의 가로 속도보다 빠른 속도로 이동해야 한다. 그러나 회색 선 원형 궤도의 반지름은 슈바르츠실트 반지름의 1.5배보다 작기 때문에 이런 일은 있을 수 없다. 시험질량이 달아나기 위해서는 현재의 자유낙하 상태, 즉 관성운동 상태에서 벗어나 로켓모터를 사용하여 슈바르츠실트 반지름의 1.5배보다 먼 거리까지 가지 않으면 안 된다.

9·6 중력파

어떤 물체도 빛의 속도보다 빠르게 주위에 영향을 미칠 수 없고, 중력도 예외가 아니다. 2개의 질량이 시간이 경과함에 따라 주변의 시공간을 휘게 하는 과정을 사고실험으로 알아보자. 간단히 하기 위해 그림 9.17과 같이 질량이 같은 구가 서로 오가거나 뛰거나 운동한다. 여기서 '양쪽' 구는 시험질량이 아니라 중력을 발생시켜 서로 영향을 받는다.

위쪽에 있는 첫 번째 그림에서는 구가 서로의 중력의 영향으로 다가간다. 중력은 용수철을 이용해 나타냈다.

두 번째 열에서는 구가 일정한 속도로 움직이고 있다. 중력은 빛의 속도보다 느리게 전달되기 때문에 오른쪽 구에서 나온 중력은 지금 이 순간 왼쪽 구에 도착하기 위해 지금보다 조금 앞서 출발했다. 조금 앞섰을 때 구는 아직 서로 멀리 있기 때문에 중력은 지금보다 약하게 작용한다.

세 번째 열에서는 구가 당구공처럼 탄성 충돌하고, 네 번째 열에서는 멀어지기 시작한다.

마지막 열에서는 이 순간 다른 구에 영향을 준 중력이 좀 더 다가온 위

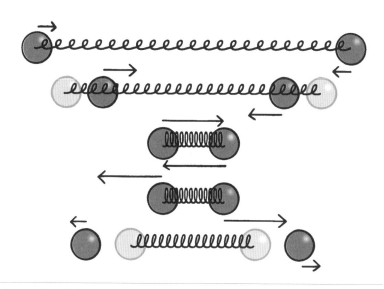

그림 9.17 서로 다가가려고 하는 구의 중력보다 서로 떨어져 있는 구의 중력이 강해진다.

치에서 발생하였다. 그때의 중력은 지금보다 강하다.

달리 말하면, 구가 멀어지기 위해 사용한 운동에너지는 다가갈 때 받은 운동에너지보다 커진다. 다시 서로 멈추면 전에 멈췄을 때보다 갖고 있는 에너지는 적어진다. 매번 조금씩 다가가는 원인은 지연된 중력에 있다.

에너지는 어디로 간 것일까? 구에서 다른 구로 움직이고, 시공간의 휘어짐은 다른 구가 있는 곳에서 끝나지 않는다. 에너지가 밖으로 확산한 것이다. 그리고 지연된 중력이 중력파를 발생시킨다.

우리를 통과하는 중력파는 어떻게 관측할 수 있을까? 5.3절에 의하면, 진공의 중력은 어떤 충분히 작은 부피에서는 그대로 줄어들지 않고 오히려 **그림 5.12**(p.105)나 **그림 9.18**처럼 어떤 방향으로 뻗으며, 그것에 대하여 수직 방향으로 줄어든다.

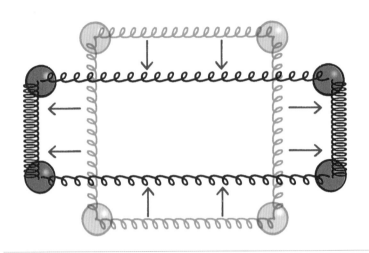

그림 9.18 중력파가 통과하면 부피는 한쪽 방향으로는 줄어들고 수직 방향으로는 늘어난다.

2009년 현재까지도 중력파는 직접적으로는 관측할 수 없지만 1974년에 러셀 헐스와 조셉 테일러가 서로 돌고 있는 2개의 무거운 소형 별을 발견했다. 이름은 'PSR－1913+16'이다. 2개의 별은 태양 질량의 1.4배정도 되는 질량을 가지고 있다. 에너지는 중력파를 방출하기 때문에 서로 나선형으로 차츰 다가간다. 그중 1개의 별은 펄서이기 때문에 빠르게 빙글빙글 회전하면서 등대처럼 전자기파를 발사한다. 그 전자기파는 주기적으로 지구에도 도달하기 때문에 시계처럼 사용한다. 물리학자들은 아인슈타인의 중력방정식을 사용하여 이 별의 운동과 에너지 감소를 계산했다. 그 계산 결과를 30년 동안의 관측 결과와 비교했는데, 99% 이상 일치했다.

중력에너지는 어디에 있을까?

그림 9.19와 같이 다시 한 번 구를 향해 자유낙하하자.

우리는 가장 왼쪽에서 자유낙하를 시작한다. 그림의 점선 원을 통과했을 때 구에 대하여 어떤 속도로 움직이고 있다. 점선 원의 오른쪽에서 기다리고 있던 붉은색 친구도 우리가 점선 원을 통과했을 때 구를 향하여 자유낙하를 시작한다. 우리의 구에 대한 상대속도는 친구보다 빠르기 때문에 2.6절의 설명에 따라 우리가 관측한 구의 질량은 친구가 관측한 구의 질량보다 크다. 그러나 등가원리에 의하면, 우리는 아직 출발점과 같은 관성운동 상태다. 구에서 멀리 떨어진 곳에 우리가 거의 멈춰 있을 때

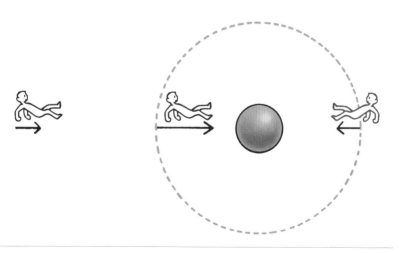

그림 9.19 다양한 거리에서 구를 향해 자유낙하한다. 화살표는 구에 대한 속도의 방향과 크기를 나타낸다.

우리가 관측한 구의 질량은 가까운 곳에 멈춰 있을 때의 질량보다 크다. 즉 구와 우리 사이에는 에너지가 존재한다. 이 에너지의 정체는 무엇일까?

탄성에너지와 비교해보자. 9.6절에서는 중력의 작용을 용수철로 나타냈다. 어쩌면 중력은 그림 7.7(p.142)에 나타낸 물체처럼 탄성을 가진 물체와 비슷한 것이 아닐까? 물체 속 원자는 작은 용수철처럼 서로 연결되어 있다. 물체가 구부러지면 원자가 작은 용수철처럼 신축한다. 그리고 탄성에너지를 갖는다.

확인하기 위해 구 밖에 있는 공간에서 작은 부피를 선택한 다음 부피를 서로 정지해 있는 시험질량으로 지정하고, 안에 들어 있는 '중력에너지'를 찾자. 시험질량을 놓으면 7.2절의 아인슈타인의 중력방정식(p.133)처럼 구의 질량 밖의 작은 부피는 전혀 축소하지 않는다. 왜냐하면 구의 질량 밖의 부피는 단순한 공간이기 때문이다. 즉 선택한 작은 부피 안에서 중력에너지가 있는 곳을 밝혀내지 못했다.

그러나 9.6절에서는 중력파가 에너지를 옮기고 그림 9.18(p.198)처럼 작은 부피를 지정한 시험질량이 중력파의 에너지 일부를 받는다는 것을 알았다. 구를 이용한 사고실험을 해보자.

그림 9.20처럼 평평한 시공간에 있는 작은 부피를 용수철로 연결된 시험질량으로 지정한다. 우리는 그 부피의 한가운데에 있고 우리 옆을 구가 지나가고 있다. 이때 용수철은 거의 그림 5.12(p.105)처럼 반응한다. 용수철이 어느 정도 에너지를 받으면 용수철을 고정한다.

결국 구가 통과했을 때, 통과하기 전에 비해 시험질량과 용수철의 에너지는 증가했다. 그런데 실제로는 어떤 에너지를 받는 것일까? 구가 우리에게 다가오는 속도보다 구가 우리에게서 멀어지는 속도가 조금 작아지기 때문에 작은 부피에 들어 있는 '중력에너지'가 아니라 구와 우리의 '상대 운동에너지의 작은 일부'를 받은 것이다.

정리해보자.

중력에너지는 중력을 갖는 질량 주변의 '공간 전체'에 존재한다. 특정한 작은 부피에 국한되지 않기 때문에 어디인지 확인할 수는 없다. 어느 곳에 중력에너지가 있는지를 확인하고 싶으면 중력에너지를 시공간 안의 어딘가에 한정하지 않으면 안 되기 때문이다. 이것이 탄성에너지와의 큰 차이이다. 그림 7.7(p.142)에서는 어떤 물체가 '시공간 안'에서 구부러지는데, 중력은 '시공간 자체'를 구부린다.

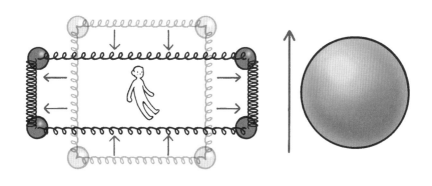

그림 9.20 구가 통과하면 시험질량이 지정하는 부피는 한 방향에서는 줄어들고, 수직 방향으로는 늘어난다.

9·8 우주의 빅뱅

육안으로 밤하늘을 올려다 보면 행성이나 별, 은하를 볼 수 있다. 그 사이에는 아무것도 없는 텅 빈 공간이 있다. 그러나 그것은 어디까지나 국소적인 시각이다. 은하의 거리보다 훨씬 큰 규모의 거리에서 우주는 모든 방향과 거리에서 똑같이 보인다. 그리고 대규모 부피에는 어디든 같은 질량이 들어 있다. 이러한 관측 결과를 우주원리라고 한다. 이런 크기의 거리에서 물체는 중력 이외에 서로 영향을 주지 않는다.

이런 생각을 바탕으로 가장 간단한 우주 모형을 만들어보자.

❶ 에너지와 질량은 우주 어디에서든, 어떤 방향에서든 똑같이 퍼져 있다.

❷ 질량 사이에는 중력만이 작용하며, 압력이나 다른 힘은 거의 없다.

❸ 우주의 별이나 은하의 수는 시간이 경과해도 변하지 않는다.

이 모형에서는 질량이 시공간을 어떻게 휘어지게 할까? 질량은 어디든 똑같이 분포하기 때문에 시간은 대규모 거리의 어디서든 같은 상태로 진행한다. 똑같은 막대의 길이는 어느 장소에서든, 어떤 방향에서든 같다. 그러나 '시간'이 진행됨에 따라 길이는 달라질 가능성이 있다.

이 같은 가정을 프리드먼 모델이라 한다.

그림 9.21은 그 이미지를 나타낸 것이다. 이 이미지에서 설정한 은하 사이의 거리는 충분히 멀다. 만일 시간이 왼쪽에서 오른쪽으로 진행하면

'모든' 은하는 서로 멀어진다. 만일 시간이 오른쪽에서 왼쪽으로 진행하면 '모든' 은하는 서로 가까워진다.

유한한 우주를 생각해보자. 예컨대 우주공간이 표면에 씨앗을 붙여놓은 풍선 같은 평면의 2차원밖에 갖지 않는다고 상상해보자. 그 경우에 은하는 풍선에 붙인 씨앗이다. 풍선의 표면은 유한하다. 만일 풍선이 부풀면 풍선 표면에 붙은 점은 모두 서로 멀어지고 만다. 그러나 풍선 표면에 '중심'은 없다. 또한 씨앗 자체는 전혀 부풀지 않는다. 마찬가지로 우주의 3차원 공간은 시간이 흐름에 따라 확대할 가능성이 있다. 그러나 은하 그 자체는 부풀어나지 않는다.

다음의 질문에 대답해보자.

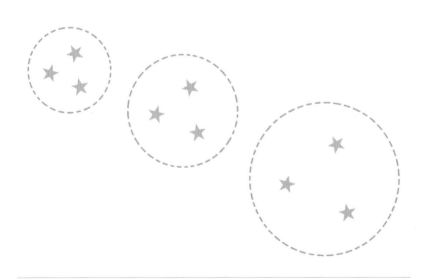

그림 9.21 우주는 확대 또는 축소할 수 있다. 만일 시간이 왼쪽에서 오른쪽으로 진행하면 우주는 확대되며, 반대의 경우는 축소한다.

❶ 우주 전체는 수축하지 않으면 안 되는 것일까?

❷ 만일 그렇다면 그 수축률을 '계산'할 수 있을까?

우선 우리 주변의 시공간을 살펴본 다음 우주 전체에 대해 알아보자.

1) 우주의 작은 구형 영역의 질량

사고실험에서 우주 안에 충분히 작은 구형 영역을 지정한다. 우주 전체에 비해서는 상당히 '작은' 구형 영역이지만, 그래도 안에는 상당수의 은하가 들어 있다. 따라서 어느 방향에서든 거의 비슷한 정도의 질량을 가지고 있다. **그림 9.22**는 그 같은 구형 영역을 나타낸 것이다.

바깥 우주는 구형 영역의 질량에 전혀 영향을 주지 않는다. 왜냐하면 프리드먼 모델에서 질량은 중력 이외의 방법으로는 서로 영향을 주지 않기 때문이다. 그중 7.5절에서 설명하였듯이 외부 질량은 구형 영역의 '형태'밖에 변화시키지 않는다. 그러나 프리드먼 모델에서 질량은 어떤 방향이든 똑같이 분포하기 때문에 중력도 어떤 방향이든 같아서 구형 영역의 '형태'를 변화시키지 않는다. 157쪽의 버코프의 정리 상황과 비슷하다.

구형 영역 안에 있는 질량은 어떻게 중력에 의해 서로 영향을 주는 것일까? 8.2절과 같이 지정한 구형 영역의 구면에 서로 정지한 검은색 시험질량을 동시에 놓는다. 그러면 시험질량이 자유낙하하기 시작한다. 아인슈타인의 중력방정식(p.158)에 의하면, 다음과 같이 정리할 수 있다.

시험질량으로 둘러싸인 구형 영역의 부피가
축소할 때의 상대 축소가속도는 $4\pi \times$ 중력상수 $\times$ 구의 질량밀도다.

그 영역의 구면을 통과하는 은하는 근처에 있는 시험질량에 대하여 어떤 속도로 움직이는데, 시험질량과 마찬가지로 자유낙하하고 있기 때문에 서로 가속하지 않는다. 이로써 구면을 통과하는 은하로 표시한 구형 영역은 시험질량으로 둘러싸인 구형 영역이라 생각할 수 있다. 결국 구형 영역의 부피의 변환 가속도는 아인슈타인의 **중력방정식**(p.158)에 따른다.

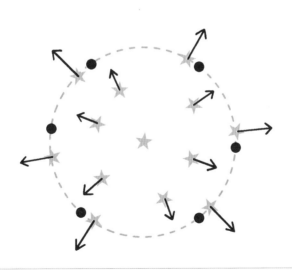

그림 9.22 정지해 있던 검은색 시험 질량을 놓으면 중심에 있는 별을 향해 자유낙하를 시작한다. 그러나 옆에 있는 별을 향해서는 가속하지 않는다.

은하로 표시한 구형 영역의 부피가 축소할 때의 상대 축소가속도
또는 부피가 팽창할 때의 상대 감속도는
$4\pi \times$ 중력상수 $\times$ 구의 질량밀도다.

이 법칙을 구의 관점에서 다시 생각해보자. 프리드먼 모델에서 질량은 어디든 똑같이 분포되어 있기 때문에 임의의 작은 질량이 들어 있는 구형 영역을 선택한다. 질량밀도는 어디에서도 같기 때문에 임의의 작은 구형 영역에 들어 있는 질량은 임의의 작은 크기다. 다시 말해 그처럼 충분히 작은 구형 영역 안에서 시공간은 거의 구부러지지 않는다.

따라서 구형 영역의 부피를 계산하기 위해 유클리드 기하학을 사용한다. 결국 구형 영역의 부피는 반지름의 세제곱에 비례한다. 때문에 만일 구형의 반지름이 1에서 0.999로 0.1% 줄면, 부피는 $0.999^3 ≒$ 0.997, 즉 반지름의 상대 축소가속도의 약 3배인 0.3% 줄어든다.

이것은 다음과 같이 바꿔 말할 수 있다. 은하가 들어 있는 작은 구형 영역의 상대 수축가속도는 매순간마다 반지름의 마이너스 가속도를 반지름으로 나눈 것의 3배다. **아인슈타인의 중력방정식**(p.158)에 의하면 다음과 같다.

$$-3 \times \frac{\text{반지름의 변환 가속도}}{\text{반지름}} = 4\pi \times (\text{중력상수}) \times (\text{구의 질량속도})$$

(9.22)

그림 9.22의 구형 영역이 확대될 경우 '수축 가속도'는 작아진다.

2) 우주 규모의 구형 영역의 질량

이번에는 우주 전체의 중력에 대하여 그 작용과 반응에 대해 생각해보자. 프리드먼 모델에서는 질량은 어떤 방향에서든 같기 때문에 작은 구형 영역과 마찬가지로 큰 구형 영역에서도 그 안에 있는 질량만 수축에 영향을 준다.

204쪽의 우주원리를 적용해보자. 방정식 9.22에서 우변의 질량밀도는 어디서든 같다. 결국 10배 크기의 구형 영역에서도 상대 축소가속도는 같다. 왜냐하면 그 영역은 더 작은 구형 영역으로 채워져 있기 때문이다. 그림 9.23(p.208)은 그것을 나타낸 것이다. 작은 구형 영역의 상대 축소가속도는 모두 같기 때문에 큰 구형 영역에서도 마찬가지다. 즉 우주 안에서는 어떤 크기의 구형 영역에서도 이 방정식이 적용된다.

구형 영역은 신축하고 질량밀도도 변하지만, 프리드먼 모델에서는 어떤 구형 영역 속의 별이나 은하의 질량은 변하지 않는다. 왜냐하면 구형 영역 자체가 은하와 함께 수축하기 때문이다. 따라서 질량밀도 대신에 '질량÷부피'를 방정식 9.22(p.207)에 대입한다. 그러나 큰 구형 영역에는 많은 질량이 들어 있기 때문에 시공간 중에서는 특히 공간이 크게 휘어진다. 이런 이유 때문에 유클리드 기하학이 적용되지 않고, 구형 영역의 부피는 반지름의 세제곱에 비례하지 않아 더욱 복잡한 법칙이 되어버린다.

그러나 달아날 길이 있다. 그림 9.23과 같이 만일 큰 구형 영역이 2% 부풀면 작은 구형 영역도 똑같이 부풀어 오른다. 결국 큰 구형 영역과 작

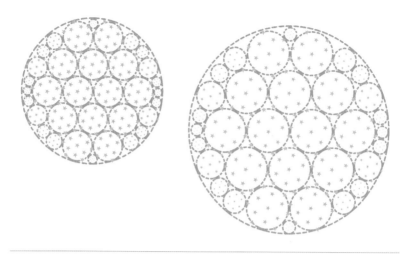

그림 9.23 큰 구형 영역의 상대 수축가속도는 이것을 채우는 작은 구형 영역의 상대 수축가속도와 같다.

은 구형 영역에서 부피의 상대 수축가속도는 같다. 앞절에서 설명했듯이, 크고 작은 구형 영역의 반지름의 상대 수축가속도도 일치한다.

작은 구형 영역에는 유클리드 기하학을 적용할 수 있다. 작은 구형 영역에서 부피의 상대 수축가속도는 반지름의 상대 수축가속도의 3배이기 때문에 큰 구형 영역도 그렇지 않으면 안 된다. 즉 큰 구형 영역의 부피는 반지름의 세제곱에 비례하고, 시간이 지날수록 수축한다. 이는 다음과 같은 식으로 나타낼 수 있다.

$$\text{구형 영역의 부피} = \frac{3}{4}\pi\,\frac{(\text{구형의 반지름})^3}{\text{상수}}$$

충분히 작은 구형 영역이라면 유클리드 기하학을 적용할 수 있기 때문에 그 경우는 상수가 '1'이 된다.

물론 이 '상수'는 선택한 구형 영역의 반지름에 따라 달라지지만, 시간에 의존하지는 않는다. 결국 큰 구형 영역에 들어 있는 질량밀도와 질량 사이에는 다음 관계가 성립한다.

$$\text{질량밀도} = \frac{\text{구형에 들어 있는 질량}}{\text{구형의 부피}}$$

$$= \frac{\text{구형에 들어 있는 질량}}{(\text{구형의 반지름})^3} \times \frac{\text{상수}}{\frac{4}{3}\pi}$$

따라서 큰 구형 영역에서의 아인슈타인의 중력방정식 9.22(p.206)는 구형 영역에 들어 있는 질량과 반지름으로 바꿀 수 있다.

$$-\cancel{3} \times \frac{\text{반지름의 변환 가속도}}{\text{반지름}} = \frac{4\pi \times (\text{중력상수}) \times (\text{구의 질량})}{(\text{반지름})^{3\,2}} \times \frac{\text{상수}}{\frac{4}{\cancel{3}}\pi}$$

반지름은 생략할 수 있기 때문에 반지름의 변환 가속도는 다음과 같이 된다.

$$\text{반지름의 변환 가속도} = -\frac{(\text{중력상수}) \times (\text{구의 질량})}{(\text{반지름})^2} \times \text{상수}$$

프리드먼 모델에서 구의 반지름은 구의 중심으로부터의 거리에 비례하기 때문에 위의 수식에 '반지름' 대신 '중심으로부터의 거리'를 넣어도 수식의 형태는 변하지 않는다. 단, 상수의 값이 달라진다.

$$\frac{\text{중심으로부터의}}{\text{거리의 변환 가속도}} = -\frac{(\text{중력상수}) \times (\text{구의 질량})}{(\text{중심으로부터의 거리})^2} \times \text{상수} \qquad (9.23)$$

이것을 프리드먼 방정식이라 한다. 이 같은 방정식을 앞에서도 소개했다. 우주 시간은 어디서든 똑같이 진행되기 때문에 우변의 상수 이외에 일반적인 뉴턴의 중력법칙 8.7(p.164)이 성립한다. 따라서 이런 표현도 가능하다.

> **우주 전체에 뉴턴의 중력법칙 8.7**(p.164)**과 같은 중력법칙이 적용되었다!**

이 방정식을 뉴턴과 반대로 풀어보자. 나무에서 사과가 떨어지는 것이 아니라, 사과를 세로 방향의 하늘로 던지자. 공기 저항을 없애기 위해 어린 왕자처럼 여러 가지 다른 질량을 갖는 작은 행성으로 가자. 그림 9.24 에서는 그런 사고실험을 나타냈다. 여러 행성에서 항상 같은 속도로 사과를 수직 상방으로 던진다. 만일 행성의 질량이 충분하면 결국 사과는 다시 떨어진다. 오른쪽 행성은 너무 가볍기 때문에 사과는 달아나고 말았다.

여기서 우리는 아인슈타인의 중력방정식의 엄밀해 한 가지를 또다시 발견할 수 있다.

지금 첫 번째 질문(p.204)에 대답할 수 있다. '정적인' 우주는 불안정하다. 행성의 상공에 정지해 있는 사과가 떨어지듯이 정적인 우주는 곧 수축하기 시작한다. 결국 우주에는 팽창 또는 수축이라는 두 가지 선택이

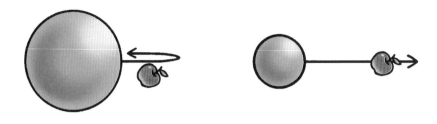

그림 9.24 우주의 확대는 세로 방향으로 던진 사과의 감속과 마찬가지로 감속한다.

있을 뿐이다. 실제로 천문학자들은 약 80년 전부터 먼 은하가 서로 멀어지는 것을 관측했다. 다시 말해 오랜 옛날에는 모든 은하가 좀 더 가까이 있었을 것이다. 그 후 최초의 빅뱅이 있었을 것이다.

작은 행성처럼 만일 우주의 질량이 충분하면 빅뱅에서 시작된 팽창은 결국 멈추고, 우주는 수축하기 시작한다. 만일 우주의 질량이 부족하다면 우주의 밀도는 점차 감소하면서 영원히 팽창할 것이다.

현재 우리는 우주의 팽창이 감속되는 것을 관측할 수 있어야 한다. 그리고 과거에는 우주의 팽창이 훨씬 빨랐을 것이기 때문에 멀리 있는 은하는 가까이 있는 은하보다 '빠르게' 멀어지는 것을 관측할 수 있어야 한다. 그러나 10년 전 관측 결과는 그 반대의 결과를 보여주고 있어야 한다. 우주의 팽창이 '가속'되고 있는 것이다.

이것은 여전히 수수께끼다. 그런데 우리는 하나의 가능성 있는 현상을 프리드먼 모델을 만들 때 무시했다. 바로 '진공에너지와 압력'이다.

9·9 진공에너지와 압력

진공에 대하여 우리는 일정한 이미지를 가지고 있다. 공간에서 모든 것을 제거한 뒤, 그 공간의 상태를 생각한다. 그러고는 아무것도 없는 상태, 특히 에너지가 전혀 남아 있지 않을 것이라 생각한다. 그러나 실험에 의하면 에너지는 여전히 남아 있다. 그 메커니즘을 설명해보자.

그림 9.25와 같이 진공 안에 2개의 서로 소멸해가는 빛의 파동이 움직이는 상태를 생각해보자. 각각의 빛의 파동은 어떤 양의 에너지를 가지고 있다. 즉 빛의 파동이 합쳐져 사라져도 에너지는 사라지지 않는다. 따라서 파동은 남지 않지만 진공에는 양의 에너지가 남는다.

이 같은 빛의 파동이 모두 사라지면 어떻게 보일까? 그림 9.26의 왼쪽 그림은 평행한 금속판 사이에 흔들리는 빛의 파동 상태를 나타낸 것이고, 오른쪽 그림은 그 이후의 상태를 보여주고 있다. 왼쪽 그림과 오른쪽 그림을 비교해보자. 위쪽 2개의 실선으로 그린 빛은 금속판에서 흔들리지

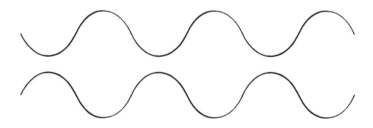

그림 9.25 2개의 빛의 파동은 모두 사라진다. 실제로는 겹쳐지는 빛의 파동이지만, 이해하기 쉽도록 나란히 그렸다.

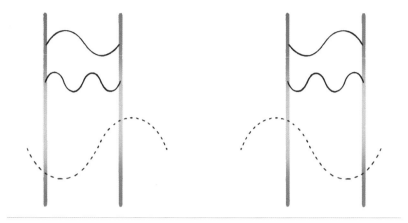

그림 9.26 진공 안에서 2개의 평행한 금속판 사이에 흔들리는 빛의 파동이 있다. 왼쪽 그림은 이전의 상태를 나타내고, 오른쪽 그림은 그 후의 상태를 나타낸다.

않기 때문에, 다시 말해 금속판 사이의 거리가 빛의 파장의 정수배이기 때문에 존재할 수 있다. 그러나 점선으로 그려진 빛은 금속판에서 흔들리고 있기 때문에 금속판 사이의 거리와 빛의 파장이 일치하지 않아 존재할 수 없다. 결국 금속판이 없다면 존재할 가능성이 있는 빛의 파장은 많아진다.

이번에는 그림 9.27과 같이 금속판을 4분의 1 거리로 좁힌다. 이로써 위쪽의 빛 파동은 더 이상 금속판 사이의 거리와 빛의 파장이 일치하지 않는다. 한가운데 있는 빛의 파장만이 여전히 일치한다. 다시 말해 가까운 금속판 사이에 일치하는 에너지는 적어진다. 따라서 금속판은 에너지를 축소하기 위해 서로에게 다가가기 시작한다. 이 현상은 실험을 통해 관측할 수 있으며, 카시미르 효과라고 한다.

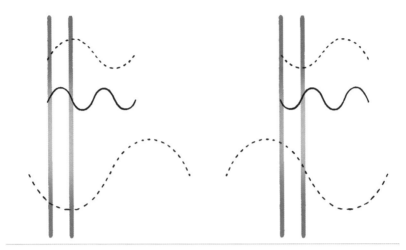

그림 9.27 금속판이 다가갈수록 금속판 사이의 거리가 빛의 파장의 정수배가 되는 파동은 적어진다.

그 같은 빛의 파장은 어느 정도의 에너지를 가지고 있는 것일까? 에너지는 파장에 반비례한다. 비례상수는 **플랑크 상수×빛의 속도**다. 이는 소립자 세계의 가장 중요한 현상 중 하나다. 카시미르 효과를 계산하기 위해서는 양자론이 필요하다. 유감스럽게도 그것은 이 책에서 다루는 주제를 벗어나 있다. 실제로 헨드릭 카시미르가 양자론에서 예측한 효과는 실험을 통해 확인되었다.

이 '고스트 빛의 파동'은 카시미르 효과의 하나로, 실험에서도 증명을 마친 것으로 일단 알아두자. 이것을 진공 요동이라 한다. 즉 공간에 가까이 다가갈수록 더욱더 작은 파장의 고스트 빛의 파동은 그 공간에 있는 빛의 파장과 일치한다. 그것들의 에너지는 파장에 반비례하고 있기 때문에 에너지는 더욱 증가한다. 그리고 그 에너지는 중력을 발생한다.

결국 7.3절에서 언급한 상태가 나타난다. 질량은 진공 안에 있기 때문에 진공 자체가 기체처럼 압력 작용을 하고 있다. 이 압력을 계산하기 위해 실제로는 절대로 가능하지 않은 사고실험을 해보자.

그림 9.28에서 상자 안은 진공이다. 오른쪽에는 평행하게 움직이는 피스톤이 있다. 밖에는 아무것도 없는 상태, 즉 진공조차 없다. 물론 그것은 실현 불가능하다. 진공이 어떤 양의 에너지를 가진다는 것은 카시미르 효과로 알 수 있었다. 따라서 좀 더 확실한 진공을 만들기 위해, 그리고 그 추가하는 진공을 위해 필요한 에너지를 추가하지 않으면 안 된다. 결국 피스톤이 오른쪽으로 움직이기 위해서는 일이 필요하다.

공기압력과 비교해보자. 자전거 타이어를 압축하기 위해서는 일이 필요하다. 즉 진공 압력의 반대다. 진공은 음의 압력을 가지고 있다. 1.12절의 압력솥과 반대로 진공의 압력은 진공 에너지밀도의 음수 값이다. 이 압력은 세 군데 공간의 어떤 방향에서도 같기 때문에 7.3절의 완전한 아인슈타인의 **중력방정식**(p.158)에 대입하려면 단순히 진공의 에너지밀도만이 아니라 가로, 세로, 높이의 세 방향을 계산식에 넣어야 한다.

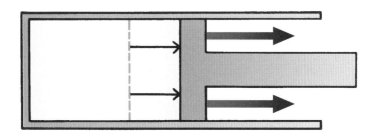

그림 9.28 양의 진공에너지는 음의 압력이 된다.

$$\left(\begin{array}{c}\text{진공의}\\\text{에너지밀도}\end{array}\right) + 3\left(\begin{array}{c}\text{압력=음의 진공의}\\\text{에너지밀도}\end{array}\right) = (-2)\left(\begin{array}{c}\text{진공의}\\\text{에너지밀도}\end{array}\right)$$

광속의 제곱으로 나누면 방정식 1.3(p.35)에 의해 일정한 음의 질량밀도가 된다. 다시 말해 우리의 우주로 확대되는 방정식 9.22(p.207)에 새로운 가속 원인이 발생한다.

$$(-3)\times\frac{\left(\begin{array}{c}\text{반지름의 변환}\\\text{추가가속도}\end{array}\right)}{\text{반지름}} = 4\pi\times(\text{중력상수})\times(-2)\frac{\left(\begin{array}{c}\text{진공의}\\\text{에너지밀도}\end{array}\right)}{c^2}$$

반지름은 구의 중심으로부터의 거리에 비례하기 때문에 반지름 대신에 사용한다.

$$(-3)\times\frac{\left(\begin{array}{c}\text{중심으로부터의}\\\text{거리 변환의 추가가속도}\end{array}\right)}{\text{중심으로부터의 거리}} = 4\pi\times(\text{중력상수})\times(-2)\frac{\left(\begin{array}{c}\text{진공의}\\\text{에너지밀도}\end{array}\right)}{c^2}$$

다시 말해 추가가속도는 양의 가속이고, 중심으로부터의 거리에 비례한다.

$$\left(\begin{array}{c}\text{중심으로부터의 거리}\\\text{변환의 추가가속도}\end{array}\right)$$

$$= \frac{8\pi}{3c^2}(\text{중력상수})\left(\begin{array}{c}\text{진공의}\\\text{에너지밀도}\end{array}\right)\times(\text{중심으로부터의 거리})$$

결국 우주가 팽창할수록 추가가속이 커진다. 그와 동시에 **방정식 9.23** (p.210)의 이전 감속은 '작아진다'. 즉 현재도 진공에너지는 우주의 운명을 지배하고 있는 것 같다. 왜 '같다'고밖에 할 수 없는 것일까? 그것은 치명적인 문제가 남아 있기 때문이다.

우주에는 거대한 고스트 빛의 파동이 존재한다. 따라서 큰 진공에너지가 존재하기 때문에 지금 당장에라도 그 큰 압력으로 우주가 폭발할 수도 있다. 그러나 우리가 알지 못하는 다른 어떤 메커니즘이 진공에너지를 작게 만들고 있다. 작은 진공에너지에 대해서는 아직도 풀어야 할 많은 수수께끼가 있다.

그뿐만 아니라 우리 인류는 아직까지 소립자 세계와 휘어진 시공간 세계의 관계도 여전히 이해하지 못하고 있다.

결론

갈릴레오 갈릴레이
1564~1642
물체낙하의 법칙을 수립한
이탈리아의 물리학자이자 천문학자, 수학자

10 후기

상대성이론은 네 가지 원리에 기초하고 있다.

❶ 빛은 관측자 가까이에서는 언제나 같은 속도 c로 움직인다.

❷ 시간과 길이, 속도는 관측자에 따라 달라지는 상대적인 양이다.

❸ 충분히 작은 질량은 등가원리에 의해 중력의 영향, 즉 휘어진 시공간 안에서 자유낙하하고 있을 때 고유시간이 일정하게 진행된다.

❹ 질량은 위의 세 가지 원리에 따라 가장 간단한 방법으로 시공간을 휘게 한다. 충분히 작은, 서로 정지해 있는 작은 질량을 가진 구름의 초기 수축가속도는 구름 속에 있는 질량에 비례한다.

처음의 두 가지 원리는 특수상대성이론의 기초이고, 나머지 두 가지 원리는 일반상대성이론의 기초가 된다.

이 이론에서 물체의 구성은 신경 쓰지 않는다. 오히려 질량, 운동량, 에너지 등 시공간의 의존성을 관찰한다. 또한 자연의 힘, 즉 '중력'을 시공간의 곡률로 통합한다. '중력'은 '힘'이 아니다. 아인슈타인은 이 아름다운 이론을 매우 주의 깊게 물리적으로 추론하여 작성했다.

특히 등가원리는 폭넓게 사용되는 도구라는 것도 이해했다. 그것을 이용하여 휘어진 시공간에서의 질량의 '반응'을 이해했다. 이는 5.1절에서 설명한 엘리베이터 비유에 한정된 것은 아니다. 질량은 휘어진 시공간에 반응하는 동시에 시공간을 휘게 하기 때문에 등가원리는 아인슈타인의 중력방정식을 푸는 데도, 우주의 프리드먼 방정식에도 편리하게 적용할 수 있다.

거듭 말하지만 100년 가까이 실험적으로 확인되어온 상대성이론은 현재 다른 세밀한 물리이론이 맞춰야 하는 '틀'이 되었다. 예컨대 전기역학은 처음부터 상대성이론을 따르고 있다.

가장 작은 것을 다루는 양자론을 특수상대성이론에 맞추는 데만도 상당한 시간이 걸렸다. 그러나 그것에 의해 새로운 멋진 현상, 예컨대 반물질을 이해하게 되었다. 이것을 설명하는 데만도 또 한 권의 책이 필요할 것이다.

가장 작은 것을 대상으로 하는 이론을 가장 큰 대상으로 하는 일반상대성이론과 통합시키는 것은 미래 세대에게 남겨진 과제다.

부록

중요한 수치

	값	단위
빛의 속도	2.99792458×10^8 $\fallingdotseq 3.00 \times 10^8$	m/s
중력상수 G	6.67×10^{-11}	$\mathrm{m}^3/(\mathrm{kg/s}^2)$
태양의 질량	1.99×10^{30}	kg
태양의 반지름	6.96×10^8	m
태양의 슈바르츠실트 반지름	2.96×10^3	m
지구와 태양의 평균거리	1.50×10^{11}	m

빛의 속도 이외의 값은 소수점 이하로 길게 이어지지만, 여기서는 두 자리까지만 기록했다.

순수한 에너지 정리

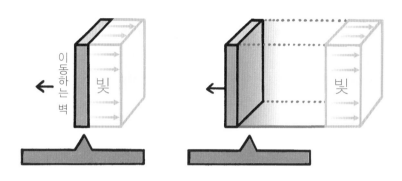

그림 11.1 순수한 에너지의 반동으로 벽이 이동한다.

광원이 빛을 발하는 동안에는 광선이 증가한다. 광선이 증가하면 벽에 압력을 가한다. 이 압력은 면적당 벽에 가해지는 힘이다. 이해하기 쉽도록 벽의 면적은 $1m^2$로 설정한다. 이로써 압력의 크기와 가해지는 힘은 같은 크기가 된다. 빛이 벽을 미는 동안에 벽은 '누르는 힘', 즉 운동량을 받는다. 빛의 반동으로 받는 충격량은 2.6절에서 설명했듯이 **벽의 질량×속도**다. 압력 자체를 두 배로 하든, 압력이 주어지는 시간을 두 배로 하든 어느 쪽이라도 충격량은 두 배로 커지기 때문에 반동에 의한 충격량은 **압력×시간**이다.

$$(벽의 질량)×(벽의 속도)=압력×시간$$

1.12절에 의하면 빛의 압력은 단위 부피당 에너지다. 광선이 차지하는

부피는 면적 $1m^2$인 벽과 광선의 폭의 곱이다. 따라서 벽에 대한 **압력×**가 해지는 시간은 **빛에너지÷(1×빛 덩어리의 폭)×발광시간**이다.

$$빛의\ 압력×발광시간 = \frac{빛에너지}{빛\ 덩어리의\ 폭} × 발광시간$$

빛이 벽에서 나오면서 빛 덩어리처럼 되기 때문에 **빛 덩어리의 폭÷발광시간**은 광속 c다.

$$빛의\ 압력×발광시간 = \frac{빛에너지}{c}$$

따라서 벽은 다음과 같은 속도로 왼쪽으로 이동한다.

$$(벽의\ 질량)×(벽의\ 속도) = \frac{빛에너지}{c} = \frac{빛에너지}{c^2} × c$$

'일정한 시간' 동안 벽은 왼쪽으로 어떤 짧은 거리만큼 이동했다. 이 거리는 **벽의 속도×시간**이다. 그 사이에 빛 덩어리는 어떤 긴 거리 $c×$**어떤 시간**만큼 오른쪽으로 이동했다. 따라서 좌변의 벽의 속도에 '어떤 시간'을 곱하면 그 시간 동안에 벽이 이동한 거리를 구할 수 있다. 마찬가지로 그 '어떤 시간'을 우변에 곱하고 '빛의 이동거리'를 도입하자. 그러면 다음과 같은 방정식을 얻을 수 있다.

$$(벽의\ 질량)×(벽의\ 이동거리) = \frac{빛에너지}{c^2} × (빛\ 덩어리의\ 이동거리)$$

전체 질량의 중심은 아직 이동하지 않았다. 따라서 벽은 '벽의 질량'을 '벽의 이동거리'만큼 왼쪽으로 이동하는 사이 빛, 즉 '순수한 에너지'는 질량을 오른쪽의 '빛의 이동거리'만큼 이동해야 한다. 이로써 좌변의 '벽의 질량'과 마찬가지로 우변의 '빛에너지÷c의 제곱'을 질량으로 얻을 수 있다.

$$\text{순수한 에너지의 질량} = \frac{\text{순수한 에너지}}{c^2} \qquad (11.1)$$

이것이 수식 1.2(p.34)다. 간단히 하기 위해 일부러 몇 가지를 생략했다. 만약 빛이 벽에서 질량을 운반하면 벽의 질량은 조금 감소한다. 그러나 벽의 질량이 충분하면 그 정도의 감소는 신경 쓰지 않게 된다. 또한 벽은 빛의 압력에 전체적으로 즉시 반응할 수 없다. 빛의 압력은 광속보다는 늦지만 상당히 빠른 속도로 벽 안을 왼쪽으로 달린다. 게다가 충분히 얇고 무거운 벽을 설정하면 그것도 감소를 신경 쓰지 않는 허용범위가 된다.

아인슈타인은 1905년에 다음과 같이 서술했다.

Wenn die Theorie den Tatsachen entspricht, so überträgt die Strahlung Trägheit zwischen den emittierenden und absorbierenden Körpern.

상대성이론이 옳으면 방사선은 발생하는 물체와 흡수하는 물체 사이에 관성질량을 운반한다.

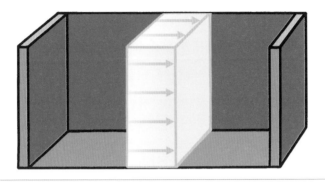

그림 11.2 빛 덩어리가 상자의 왼쪽 벽과 오른쪽 벽 사이를 움직이고 있다.

흡수하는 물체에 대하여 한마디 덧붙여보자.

아인슈타인이 고안한 사고실험에서는 그림 11.2처럼 빛이 어떤 상자의 왼쪽 벽에서 발생하고 오른쪽 벽은 그 빛을 받아 흡수한다. 아인슈타인의 계산은 우리가 한 계산과 거의 같았다.

그러나 아인슈타인은 왼쪽 벽뿐 아니라 상자 전체가 빛의 압력에 곧 반응하는 것을 전제로 했다. 결국 오른쪽 벽은 빛이 도착하기 '전'에 반응한다. 즉 힘이 왼쪽 벽에서 오른쪽 벽으로 광속보다 빨리 움직여야 한다. 물론 이것은 상대성이론에 모순된다. 아인슈타인도 때때로 상대성에 대하여 옳지 않은 직감을 가지고 있었던 것이다.

작은 속도의 상대성

상대성이론의 효과는 대부분 γ값을 통해 속도에 의존한다. 작은 속도의 경우 γ값은 대부분 1이다. 그 경우, γ값은 어느 정도 1과 다를까? 종이에 계산하든 전자계산기로 하든 직접 확인해보자.

$$\left(1-\frac{1}{2}\times 0.01\right)^2=0.995^2=0.990025\fallingdotseq 0.99=1-0.01$$

$$\left(1-\frac{1}{2}\times 0.001\right)^2=0.9995^2=0.99900025\fallingdotseq 0.999=1-0.001$$

제곱근을 구하면 다음 계산이 가능하다.

$$1-\frac{1}{2}\times 0.001\fallingdotseq \sqrt{1-0.001}=(1-0.0001)^{\frac{1}{2}}$$

이때 어림 계산은 γ값이 1에 가까워질수록 간단해진다. 다시 말해 작은 속도인 경우에는 γ값을 똑같이 계산할 수 있다.

$$1-\frac{1}{2}\left(\frac{속도}{c}\right)^2\fallingdotseq \sqrt{1-\left(\frac{속도}{c}\right)^2}=c \qquad (11.2)$$

마찬가지로 두 수를 제곱하여 그 차이를 확인해보면 이전의 차이×지수가 된다. 예컨대 0.999와 1의 차이는 −0.001이다. 지수 마이너스 제곱이나 마이너스 세제곱인 경우, 어떤 수의 역수가 역수의 세제곱인지를 확인하자.

$$\frac{1}{1-0.001} = \frac{1}{0.999} \fallingdotseq 1.001001\cdots\cdots \fallingdotseq 1.001 = 1+(-1)\times(-0.001)$$

$$\frac{1}{(1-0.001)^3} = \frac{1}{0.999^3} \fallingdotseq 1.0030006\cdots\cdots \fallingdotseq 1.003 = 1+(-3)\times(-0.001)$$

앞에서 한 개략적인 계산 11.2(p.229)를 이용해 작은 속도는 역γ값도 어림잡아 계산할 수 있다.

$$\gamma^{-1} - \frac{1}{\gamma} \fallingdotseq \frac{1}{1-\frac{1}{2}\left(\frac{속도}{c}\right)^2} \fallingdotseq 1+\frac{1}{2}\left(\frac{속도}{c}\right)^2$$

$$\gamma^{-3} = \frac{1}{\gamma^3} \fallingdotseq \frac{1}{1-\frac{3}{2}\left(\frac{속도}{c}\right)^2} \fallingdotseq 1+\frac{3}{2}\left(\frac{속도}{c}\right)^2$$

(11.3)

증가하는 질량의 속도가법 정리

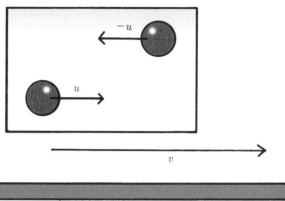

그림 11.3 아래쪽 공은 상자 안을 속도 u로 오른쪽으로 움직이고 있다. 위쪽 공은 상자 안을 속도 $-u$로 오른쪽으로 움직이고 있다. 상자 자체는 지면에 대하여 일정한 속도 u로 오른쪽으로 움직이고 있다. 상자 자체는 매우 가볍기 때문에 그 질량은 무시한다.

그림 11.3의 공은 정지질량 m_0을 가진다. 전체 질량 M_0은 다음과 같다.

$$M_0 = \frac{2m_0}{\sqrt{1 - \dfrac{u^2}{c^2}}}$$

먼저 두 공의 속도의 제곱은 '$u^2 = (-u)^2$'이다. 상자 자체는 매우 가볍기 때문에 그 질량은 무시할 수 있으므로 공의 질량 M_0가 상자의 정지질량이 된다. 만일 상자가 지면에 대하여 속도 v로 운동하면 질량은 다음과 같이 증가한다.

$$\frac{M_0}{\sqrt{1-\dfrac{v^2}{c^2}}} = \frac{2m_0}{\sqrt{1-\dfrac{u^2}{c^2}} \times \sqrt{1-\dfrac{v^2}{c^2}}}$$

(11.4)

공의 질량을 차례로 계산하여 질량을 다시 계산해보자. 만일 어떤 공이 상자에 대하여 광속과의 비율은 $\dfrac{u}{c}$의 속도로 움직이고, 상자 자체가 지면에 대하여 광속과의 비율은 $\dfrac{v}{c}$의 속도로 움직이면 공은 지면에 대하여 광속과의 비율이 $\dfrac{u}{c}+\dfrac{v}{c}$의 속도보다 작은, 다음과 같은 속도로 움직인다.

$$\frac{w}{c} = \frac{\dfrac{u}{c}+\dfrac{v}{c}}{1+\dfrac{u}{c}\times\dfrac{v}{c}}$$

(11.5)

이것을 증명해보자. 이해하기 쉽도록 이 속도의 γ값을 계산해보자.

$$1-\left(\frac{w}{c}\right)^2 = 1-\left(\frac{\dfrac{u}{c}+\dfrac{v}{c}}{1+\dfrac{u}{c}\times\dfrac{v}{c}}\right)^2 = \frac{\left(1+\dfrac{u}{c}\times\dfrac{v}{c}\right)^2}{\left(1+\dfrac{u}{c}\times\dfrac{v}{c}\right)^2} - \frac{\left(\dfrac{u}{c}\times\dfrac{v}{c}\right)^2}{\left(1+\dfrac{u}{c}\times\dfrac{v}{c}\right)^2}$$

분자를 정리하면 곱으로 다시 쓸 수 있다.

$$\left(1+\frac{u}{c}\times\frac{v}{c}\right)^2 - \left(\frac{u}{c}\times\frac{v}{c}\right)^2$$

$$= 1 + 2\frac{u}{c}\times\frac{v}{c} + \left(\frac{u}{c}\right)^2\times\left(\frac{v}{c}\right)^2 - \left(\frac{u}{c}\right)^2 - 2\frac{u}{c}\times\frac{v}{c} - \left(\frac{v}{c}\right)^2$$

$$= \left(1 - \frac{u^2}{c^2}\right) \times \left(1 - \frac{v^2}{c^2}\right)$$

결국 제곱근을 구하면 속도의 γ값을 얻을 수 있다.

$$\sqrt{1 - \left(\frac{w}{c}\right)^2} = \frac{\sqrt{1 - \frac{u^2}{c^2}} \times \sqrt{1 - \frac{v^2}{c^2}}}{1 + \frac{u}{c} \times \frac{v}{c}}$$

따라서 속도 v로 움직이는 상자 안을 속도 u로 움직이는 구의 질량은 다음과 같이 증가한다.

$$\frac{m_0}{\sqrt{1 - \frac{w^2}{c^2}}} = \frac{m_0\left(1 + \frac{u}{c} \times \frac{v}{c}\right)}{\sqrt{1 - \frac{u^2}{c^2}} \times \sqrt{1 - \frac{v^2}{c^2}}}$$

속도 u를 $-u$로 대체하면 다른 공의 γ값과 질량을 얻을 수 있다. 그 경우 분자는 '$1 + \frac{u}{c} + \frac{v}{c}$'에서 '$1 - \frac{u}{c} + \frac{v}{c}$'로 변환한다. 따라서 양쪽 공 전체 질량은 다음과 같다.

$$\frac{m_0\left(1 + \frac{u}{c} \times \frac{v}{c}\right)}{\sqrt{1 - \frac{u^2}{c^2}} \times \sqrt{1 - \frac{v^2}{c^2}}} + \frac{m_0\left(1 - \frac{u}{c} \times \frac{v}{c}\right)}{\sqrt{1 - \frac{u^2}{c^2}} \times \sqrt{1 - \frac{v^2}{c^2}}} = \frac{2m_0}{\sqrt{1 - \frac{u^2}{c^2}} \times \sqrt{1 - \frac{v^2}{c^2}}}$$

즉 방정식 11.4와 같은 질량이 된다. 따라서 방정식 11.5는 서로 평행한 속도의 올바른 가법정리다.

아인슈타인 중력방정식의 텐서

7.3절의 완전한 아인슈타인의 중력방정식은 다음과 같다.

서로 정지해 있는 입자인 충분히 작은 먼지구름이 수축하기 시작할 때의 상대 수축가속도는 '구름 속에 있는 에너지밀도+ 구름 속의 세 방향의 압력'에 비례한다. 비례상수는 $4\pi \times$ 중력상수 $G \div$ 광속 c의 제곱이다. 간략하게 나타내면 다음 식과 같다.

$$\begin{matrix} \text{상대 초기} \\ \text{축소가속도} \end{matrix} = \frac{4\pi G}{c^2}\left[\left(\begin{matrix}\text{에너지}\\\text{밀도}\end{matrix}\right) + \left(\begin{matrix}\text{세 공간 방향의}\\\text{압력의 합}\end{matrix}\right)\right] \tag{11.6}$$

교과서와 연관 짓기 위해 이 방정식을 텐서로 바꿔보자. 이 책에서 텐서해석을 다룰 생각은 없지만, 적어도 기호의 의미에 대해서는 알려주고 싶다. 우리에 대하여 서로 정지한 물체의 '에너지밀도'는 에너지 텐서의 성분 중 하나다. 16개의 성분을 가진 이 텐서는 2개의 첨자 m과 n을 가지고 있다. m과 n은 0이나 1, 2, 3이 될 수 있다. 에너지밀도는 성분 T_0^0이며, 음의 성분 $-T_1^1$은 공간에 있는 어떤 방향의 음의 압력이다. $-T_2^2$와 $-T_3^3$은 그 외 방향의 압력이다. 가스, 액체 등 서로 정지해 있어 탄력이 생기지 않는 물체의 에너지 텐서 외의 성분은 0이다.

이 경우 위의 부피에서 상대 초기 축소가속도는 $c^2 \times$ 리치 텐서의 성분 R_0^0이 된다. 따라서 완전한 아인슈타인의 중력방정식은 다음과 같다.

$$R_0^0 = \frac{4\pi G}{c^4}\left(T_0^0 - T_1^1 - T_2^2 - T_3^3\right)$$

오른쪽은 어떤 텐서 U의 성분 U_0^0가 된다. 먼저 텐서 δ_n^m이 있다. 이 텐서의 성분이 $m = n$인 경우에는 1이고, 다른 경우에는 0이다. 또한 단 한 개의 성분을 갖는 텐서

$$T = T_0^0 + T_1^1 + T_2^2 + T_3^3$$

을 사용하면 텐서 $T\delta_n^m$를 작성할 수 있다. 그리고 텐서ㄴ

$$U_n^m = 2T_n^m - T\delta_n^m$$

을 작성하면 이 텐서의 성분 U_0^0은 다음과 같다.

$$U_0^0 = 2T_0^0 - (T_0^0 + T_1^1 + T_2^2 + T_3^3) = T_0^0 - T_1^1 - T_2^2 - T_3^3$$

따라서 완전한 아인슈타인 중력방정식의 텐서 성분은 다음과 같이 된다.

$$R_0^0 = \frac{4\pi G}{c^4}\left(2T_0^0 - T\delta_0^0\right) \qquad (11.7)$$

7.1절과 7.2절에서는 가장 간단한 경우를 선택했다. 그 경우 압력이 없는 작은 먼지구름의 에너지 텐서인 T_0^0 이외의 성분은 전부 0이다. 가장 복잡한 질량 분포에서는 리치 텐서와 에너지 텐서의 모든 성분의 방정식이 필요하다. 그것들은 다음과 같이 텐서를 이용한 아인슈타인의 중력방정식이 된다.

$$R_n^m = \frac{4\pi G}{c^4}(2T_n^{\ m} - T\delta_n^{\ m}) \qquad (11.8)$$

찾아보기

참고 도서

『時空の物理学―相対性理論への招待』

E. テイラー、J. ホイーラー 著 ／ 曽我見郁夫 訳 (現代数学社、1991年)

『重力 アインシュタインの一般相対性理論入門』

ジェームズ・B・ハートル 著 ／ 牧野伸義 訳 (ピアソンエデュケーション、2008年)

『相対性理論 〈上・下巻〉』

W. パウリ 著 ／ 内山龍雄 訳 (筑摩書房、2007年)

『場の古典論　原書 第6版 (ランダウ=リフシッツ理論物理学教程)』

エリ・デ・ランダウ、イェ・エム・リフシッツ 著 ／ 恒藤敏彦 訳 (東京図書、1978年)

『Gravitation (Physics Series)』 (言語:英語)

Charles W.Misner、Kip S.Thorne、John Archibald Wheeler 著 (W.H.Freeman&Co Ltd、1973年)